D1672708

Die Bibliothek der Technik
Band 301

Modulare Werkzeugsysteme

Zerspanungswerkzeuge von der Maschinenanbindung bis zur Schneide

Dietmar Bolkart, Uwe Kretzschmann,
Jacek Kruszynski

verlag moderne industrie

Dieses Buch wurde mit fachlicher Unterstützung
der KOMET GROUP GmbH erarbeitet.

http://www.sv-corporate-media.de
Abbildungen: KOMET GROUP GmbH, Besigheim
Satz: abavo GmbH, D-86807 Buchloe
Druck und Bindung: Sellier Druck GmbH, D-85354 Freising
Printed in Germany 889058
ISBN 978-3-937889-58-0

Inhalt

Modularität bei Zerspanungswerkzeugen

Individualisierung von Produkten

Die Anforderungen in der Fertigung sind kontinuierlich großen Veränderungen unterworfen. Bedingt durch immer kürzere Produktlebenszyklen und den Wunsch nach individuellen Produkten sind im Vergleich zu früheren Jahren kleinere Losgrößen mit zunehmender Variantenvielfalt zu fertigen. Diesem *Individualisierungstrend* wird in der Werkzeugmaschinen- und Präzisionswerkzeugbranche durch entsprechende Produktstrukturierung Rechnung getragen. Als erfolgreiche Ansätze für dieses Prinzip gelten die Bildung von Baureihen, Baugruppen, Plattformen, Modulen und Baukästen – im Werkzeugmaschinenbau steht die aus Fertigungsmodulen bestehende rekonfigurierbare Maschine für dieses Prinzip.

Standardisierung der Werkzeuge

Auch in der Präzisionswerkzeugindustrie werden unterschiedliche Module miteinander kombiniert. Die Modularisierung von Zerspanungswerkzeugen beginnt an der Maschinenspindel und reicht bis zur Schneidkante. Durch intelligente Kombinationen aus Standardwerkzeugen, Wendeschneidplatten, standardisierten Elementen, Baugruppen, Grundkörpern, Kassetten und Verstellmechanismen werden verschiedene Werkzeugkonzepte für die spanabhebende Bearbeitung realisiert (Abb. 1).
Die Produktstrukturierung versetzt sowohl den Werkzeuganwender als auch den Werkzeughersteller in die Lage, schnell auf sich ändernde Anforderungen zu reagieren. Vor dem Hintergrund einer rationellen Fertigung lässt sich das Werkzeugspektrum innerhalb eines relativ kurzen Zeitraums erweitern. Der Werkzeuganwender kann seine Erzeugnisse auch bei kleineren Losgrößen in einem günstigen

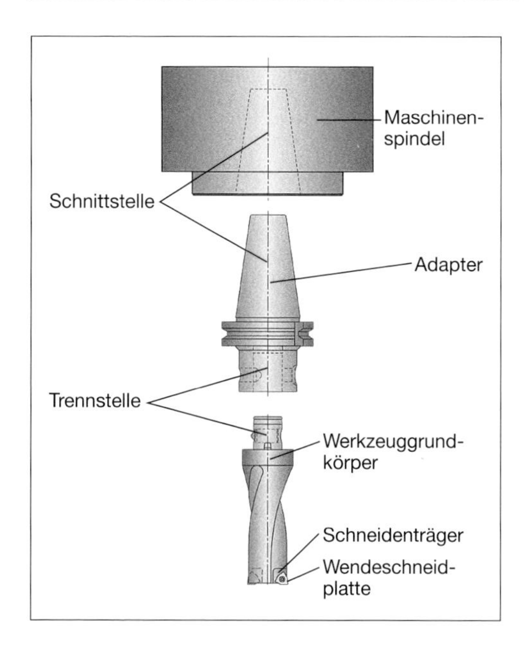

Abb. 1: Modularität von der Maschinenspindel bis zur Schneidkante

Kosten- und Zeitrahmen fertigen. Somit stehen die Individualisierung und die Standardisierung nicht in Widerspruch zueinander.

Modulare Werkzeugkonzepte

Das vorliegende Buch beschreibt modulare Werkzeugkonzepte für die *Zerspanung mit geometrisch bestimmter Schneide*. Im Mittelpunkt stehen Werkzeuge mit Wendeschneidplatten. Da die Ausführung der Werkzeugkonzepte vom Bearbeitungsverfahren abhängt, werden die Werkzeugkonzepte nach den Verfahren gegliedert: Vorgestellt werden Werkzeuge und Werkzeugsysteme zum Vollbohren, Aufbohren, Feinbohren, Reiben und für Kombinationen dieser Bearbeitungsverfahren. Auch Schieberwerkzeuge in ihrer modernsten Ausführung als mechatronische Systeme werden betrachtet. Anwendungsbeispiele komplettieren die Abhandlung.

Werkzeugmodule und -komponenten

Schnittstellen

Die Modularisierung von Werkzeugsystemen beginnt an der Maschinenspindel. Das Verbindungselement zur Maschine, der Adapter, stellt das erste wichtige Modul dar. Die Anbindung des Werkzeugs an die Spindel der Werkzeugmaschine wird als Schnittstelle (siehe Abb. 1) bezeichnet. Im Unterschied dazu spricht man bei der Verbindungsstelle zweier Werkzeugkomponenten von einer Trennstelle (siehe *Trennstellen*, S. 9 ff.). Die historische Entwicklung der Schnittstellen erfolgte entsprechend den steigenden Anforderungen der verarbeitenden Industrie (Abb. 2).

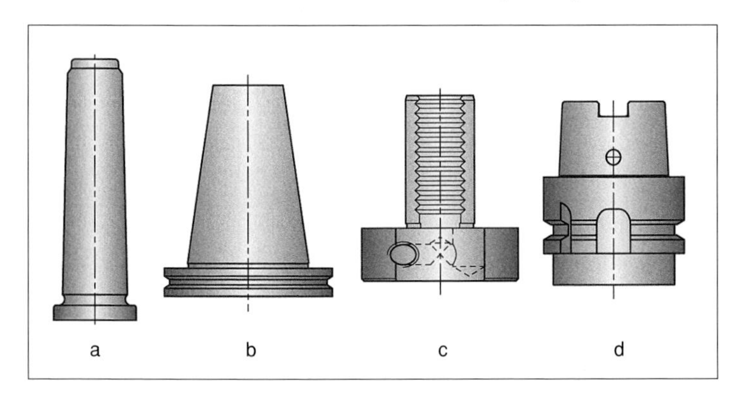

Abb. 2: Schnittstellenarten;
a Morsekegel (MK)
b Steilkegel (SK)
c NC-Zylinderschaft (VDI-Schaft)
d Hohlschaftkegel (HSK)

Morsekegel und metrische Kegel

Die Bezeichnung für den Morsekegel (siehe Abb. 2a) leitet sich von seinem Erfinder, dem Amerikaner *Stephen A. Morse* ab, der im 19. Jahrhundert lebte und 1864 eine noch heute existierende Werkzeugfirma gründete. Der Morsekegel (MK) wurde entwickelt, um Werk-

zeuge in einer Werkzeugmaschine schnell und flexibel wechseln zu können. Der Wechsel erfolgte seinerzeit ausschließlich manuell.
Die (Dreh-)Kraftübertragung zwischen dem Hohlkegel – der Hülse – der angetriebenen Werkzeugspindel und dem darin leicht klemmenden kegelförmigen Schaft des Werkzeugs erfolgt kraftschlüssig durch Haftreibung. Nach DIN 228 Teil 1 und 2 genormt, wird der Morsekegel in sieben Größen – bezeichnet als MK 0 bis MK 6 – mit maximalen Schaftdurchmessern von etwa 9 bis 63 mm bei nur geringfügig unterschiedlichen Kegelverjüngungen zwischen 1:19,002 und 1:20,047 hergestellt. Werkzeugaufnahmen von Bohr- und Drehmaschinen haben häufig die Größe MK 2 oder MK 3. Ein amerikanischer Werkzeughersteller bietet zusätzlich die Zwischengröße MK $4^1/_2$ sowie die »Übergrößen« MK 7 und MK 8 an.

DIN 228

Ergänzend zur genannten Morsekegelreihe normt DIN 228 noch zwei kleinere und fünf größere metrische Kegel (ME). Die kleinen metrischen Kegel weisen einen maximalen Schaftdurchmesser von 4 und 6 mm, die größeren einen zwischen 80 und 200 mm auf. Die Verjüngung beträgt durchweg 1:20.
Morsekegel gibt es in folgenden vier Formen:

- Form A (Schaft) und C (Hülse) mit Anzuggewinde zum Befestigen
- Form B (Schaft) und D (Hülse) mit Austreiblappen am Schaft und Schlitz in der Hülse für den Austreibkeil.

Steilkegel

Die steigenden Anforderungen hinsichtlich der übertragbaren Drehmomente, der Biegebelastungen und des automatischen Werkzeugwechsels haben den Steilkegel (SK) hervorgebracht. Charakteristische Merkmale des Steilkegels (siehe Abb. 2b) sind:

- keine Selbsthemmung (im Gegensatz zum Morsekegel) und dadurch einfacher Werkzeugwechsel ohne Klemmen – dies ist vor allem beim automatischen Werkzeugwechsel von Bedeutung
- höhere Verdrehsteifigkeit durch den gegenüber dem Morsekegel kürzeren Abstand zwischen der Schneide und dem Spindellager.

DIN 2080 und DIN 69871

Die Verbreitung des Steilkegels nahm bereits 1963 ihren Anfang. Als Form eines Werkzeugkegels zum Spannen von Werkzeugen in der Hauptspindel einer Werkzeugmaschine ist er seit 1975 in der DIN 2080 genormt und seit 1978 in der DIN 69871. Am meisten verbreitet sind die Formen AD – *Kühlschmierstoffzuführung zentral* – und B – *Kühlschmierstoffzuführung über den Bund* – in den Nenngrößen 40, 45, 50 und 60 mm. Neben den genormten Kegelformen gibt es allerdings auch Ausführungen, die sich hinsichtlich der Greiferrillen und der Einzugsvorrichtung in die Spindel unterscheiden.
Die Schnittstellen Morsekegel und Steilkegel werden vorrangig in Spindeln von Bearbeitungszentren, Bohrwerken und Fräsmaschinen verwendet.

NC-Zylinderschaft

DIN 69880

Auf Drehmaschinen werden NC-Zylinderschäfte (siehe Abb. 2c) nach DIN 69880 verwendet. Da diese Norm aus der VDI-Norm 3425 Blatt 2 hervorgegangen ist, wird dieser Schaft mitunter heute noch als *VDI-Schaft* bezeichnet. Die Zentrierung erfolgt über den Zylinderschaft, die Befestigung durch planflächige Verzahnung.

Hohlschaftkegel

Der technologische Fortschritt in der Werkstoff- und Schneidstofftechnik ging stets einher mit der Weiterentwicklung der Zerspanungsmaschinen. Hinzu kam die Mikrozerspanung und die Erhöhung der zu erzielenden Genauigkeiten auf Werkzeugmaschinen. Diesem Trend wurde Rechnung getragen durch die Entwicklung und Einführung des Hohlschaftkegels (HSK). Es handelt sich um ein System mit Kegel- und Plananlage. Seit 1996 ist diese Schnittstelle in der DIN 69893 (Werkzeug) bzw. DIN 69063 (Spindel) genormt. Seither ist eine stark zunehmende Verbreitung festzustellen. Diese wird beschleunigt durch die im Jahr 2002 abgeschlossene internationale Normung des Hohlschaftkegels in ISO 12164.

DIN 69893 und DIN 69063

ISO 12164

Charakteristische Merkmale des Hohlschaftkegels sind (siehe Abb. 2d):

- Zentrierung über einen Kegel mit der Verjüngung 1:10 – diese Art der Zentrierung gewährleistet eine hohe Wechselwiederholgenauigkeit
- Plananlageflächenverspannung – die Plananlagefläche bringt eine hohe Biegesteifigkeit
- Spannmechanismus im Hohlschaft – durch die entstehende Kraftwirkung von innen nach außen ist die Schnittstelle Hohlschaftkegel für HSC-Bearbeitungen besonders gut geeignet.

Der Hohlschaftkegel wird auf Bearbeitungszentren und zunehmend auch auf Dreh-Fräs-Zentren als genormte Schnittstelle verwendet.

Trennstellen

Mit der Einführung von Trennstellen, d. h. der Verbindungsstelle zweier Werkzeugkomponenten (siehe Abb. 1), wurde die Modularisierung von Werkzeugen überhaupt erst möglich. Der Trennstelle zwischen dem Adapter zur Werkzeugmaschine und dem Werkzeuggrundkörper kommt dabei besondere Bedeutung zu.

Flexibilisierung der Fertigung

Werkzeuge mit Trennstellen werden heute sowohl aus technologischen als auch aus Kostengründen zur Flexibilisierung der Fertigung verwendet: Komplettwerkzeuge können aus einzelnen Modulen zusammengefügt werden. Die Lagerhaltung einzelner Werkzeugmodule ist in der Regel kostengünstiger als die mehrerer Monoblockwerkzeuge. Der Anwender kann bei Auftragswechsel in kurzer Zeit die entsprechenden Werkzeuge zusammenstellen. Bei Beschädigung der Werkzeuge können einzelne Module direkt beim Anwender ausgetauscht werden. Die Nebenzeit an der Werkzeugmaschine kann reduziert werden.
Folgende Kriterien muss ein modulares Trennstellensystem erfüllen:

Anforderungen an Trennstellen

- radial zugänglicher Spannmechanismus und einzeln wechselbare Modulteile
- einfaches Handling ohne Spezialwerkzeuge und Vorrichtungen
- Vermeidung von Fehlbedienungen
- einfache Sauberhaltung, dadurch geringe Verschleißanfälligkeit und hohe Lebensdauer
- austauschbare Verschleißteile
- maximale Betriebssicherheit und damit minimale Störanfälligkeit
- hohe Flexibilität hinsichtlich der Werkzeugauskragung
- Eignung für stehenden und rotierenden Einsatz
- hohe statische und dynamische Steifigkeit
- hohe Leistungsübertragung (hohes übertragbares Drehmoment)
- hohe Wechsel- und Wiederholgenauigkeit; mögliche Voreinstellung auf Fertigmaß
- umfangreiches Angebot von Systemwerkzeugen
- Adaptierbarkeit der am Markt verfügbaren Werkzeuge über die Trennstelle.

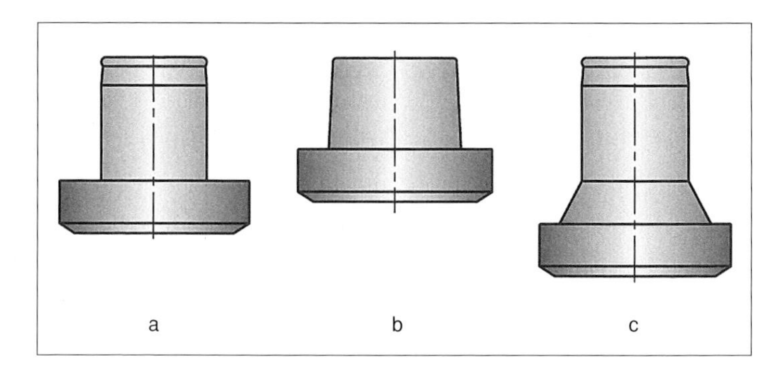

Abb. 3: Gestaltungsprinzipien von Trennstellen;
a Zylinder-Plananlage
b Kegel-Plananlage
c Zylinder-Kegel-Plananlage

Bei Trennstellen handelt es sich um herstellerspezifische Entwicklungen. Sie haben unterschiedlichen Verbreitungsgrad. Im Gegensatz zu den Schnittstellen sind sie bisher nicht genormt. Nach der konstruktiven Ausführung unterscheidet man drei Systeme (Abb. 3):

- Trennstellen mit Zylinder-Plananlage
- Trennstellen mit Kegel-Plananlage
- Trennstellen mit Zylinder-Kegel-Plananlage.

Eigenschaften verfügbarer Trennstellen

Alle im Markt befindlichen modularen Trennstellensysteme zeichnen sich durch gemeinsame Eigenschaften aus:

- Trennstellen sind geometrisch skaliert. Die Bezeichnung dieser unterschiedlichen Systemgrößen leitet sich aus dem Durchmesser der Plananlagefläche ab, z. B. 16, 25, 32, 40 oder 50 mm.
- Trennstellen werden mit höchster Genauigkeit mechanisch gefertigt: So sind die Zentrierelemente mit einer Toleranz kleiner als IT 3 ausgeführt.
- Die Module sind sowohl für rotierenden als auch für stehenden Einsatz geeignet.
- Die Betätigung des Spannmechanismus erfolgt zwar überwiegend manuell, kann aber auch auf automatischen Werkzeugwechsel ausgelegt werden.

- Die Verbindung weist eine hohe Rundlaufgenauigkeit auf.
- Durch die Ausführung der Trennstellenmodule als Adapter zur Schnittstelle ist die Anbindung an eine Vielzahl von Werkzeugmaschinen gewährleistet.
- Durch Verlängerungen oder Reduzierungen können flexible Auskragungslängen des Werkzeugs erreicht werden.
- Spannfutter ermöglichen es, auch Werkzeuge mit genormten Zylinderschäften aufzunehmen.
- Die Trennstellen sind mitunter bereits direkt in die Werkzeugmaschinenspindel integriert. In diesem Fall wird die Trennstelle zugleich als Schnittstelle verwendet.

Halbfabrikate

Sämtliche Hersteller von modularen Werkzeugsystemen bieten Halbfabrikate an, bei denen die Trennstelle bereits komplett gefertigt und gehärtet ist. Aus diesen Halbfabrikaten können kurzfristig beim Anwender selbst spezielle Aufnahmen oder Sonderwerkzeuge hergestellt werden.

Modulares Trennstellensystem ...

Am Beispiel des herstellerspezifischen modularen Anbausteckssystems ABS® (Abb. 4) soll im Folgenden das Konzept der Modularität veranschaulicht werden. Bei dieser Trennstelle handelt es sich um ein *Zylinder-Plananlage-System*. Der Betätigungs- und Spannmechanismus befindet sich in beiden Teilen des Systems, dem Bohrungsteil und dem Zapfenschaftteil. Die exakt abgestimmte Dimensionierung des Anbaustecksystems führt zusammen mit einem äußerst geringen Passungsspiel zu einer sicheren Verspannung beider Teile. Dadurch werden positive Eigenschaften wie hohe Wechselgenauigkeit, hohe Rundlaufgenauigkeit, sehr hohe Biegesteifigkeit und ein vorteilhaftes Dämpfungsverhalten erzielt. Dieses modulare Trennstellensystem eignet sich

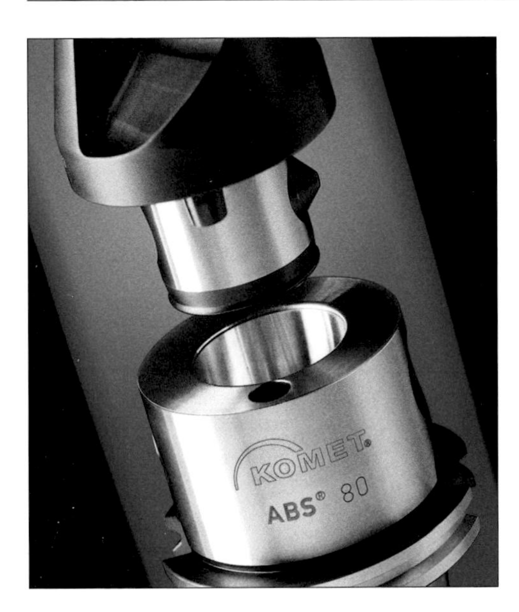

Abb. 4: Modulares Anbaustecksystem (ABS®)

somit für unterschiedliche Bearbeitungsverfahren. Der Durchmesserbereich der zylindrischen Plananlagefläche des Systems reicht von 20 bis 200 mm. Das Handling für den Anwender ist einfach und Verwechslungen sind ausgeschlossen.

... verbindet Standardelemente mit Sonderwerkzeugen

Mit der beschriebenen modularen Trennstelle werden nicht nur sämtliche Zerspanungswerkzeuge des Standardprogramms ausgeführt, sondern auch die Sonderwerkzeuge dieses Herstellers. Die Kombination der Sonderwerkzeuge mit den Standardelementen bringt dem Anwender die gewünschte Variantenvielfalt und Wiederverwendbarkeit der Komponenten.

Adapter, Verlängerungen, Reduzierungen, Spannfutter

Die Verfügbarkeit einer Vielzahl von Komponenten wie Adapter, Verlängerungen, Reduzie-

Abb. 5: Beispiel für ein modulares Werkzeugsystem

rungen und Spannfutter bildet eine weitere Grundlage der Modularität (Abb. 5). Die Adapter sind maschinenseitig mit der Schnittstelle und werkzeugseitig mit einer modularen

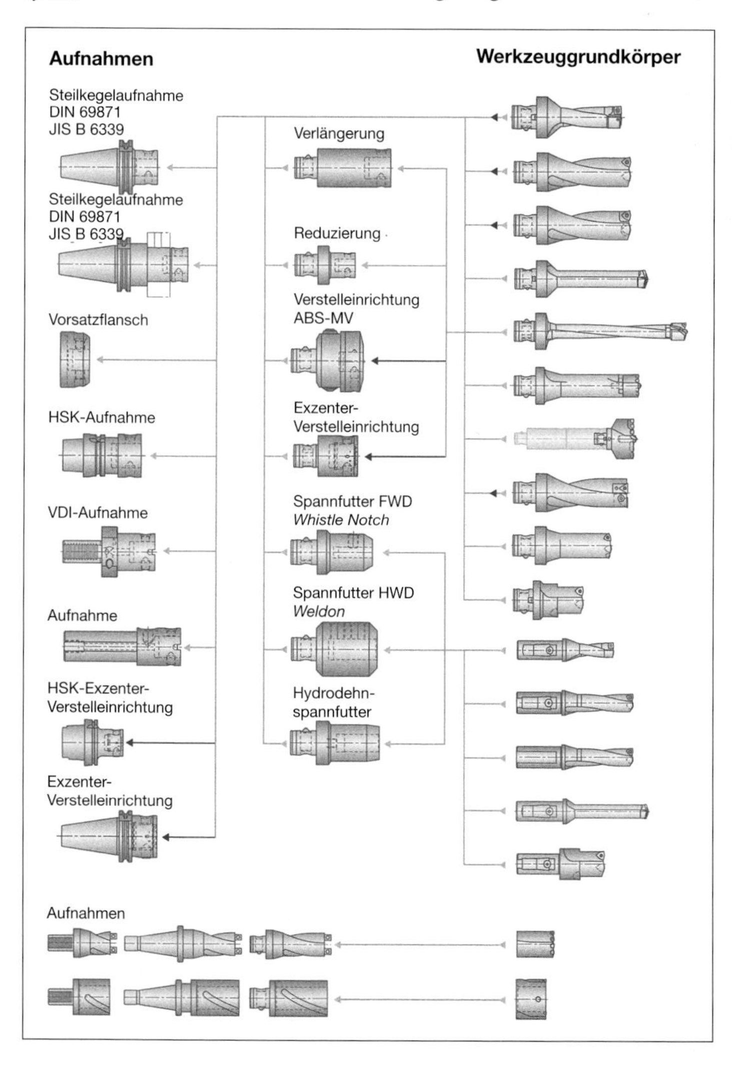

Trennstelle versehen. Die Verlängerungen und Reduzierungen gibt es in unterschiedlichen Längen. Sie dienen der Flexibilisierung hinsichtlich der Auskragungslänge und des Bearbeitungsdurchmessers. Mit den Spannfuttern ist die Aufnahme von Werkzeugen mit standardisierten Schäften sowie die Aufnahme von Fräswerkzeugen möglich. Spannfutter werden je nach Werkzeughersteller in unterschiedlichen Ausführungen angeboten:

Ausführungen des Spannfutters

- Spannfutter zur Aufnahme von Zylinderschäften nach DIN 1835 Form A, Form B (Weldon) und Form E (Whistle Notch)
- Spannzangenfutter
- Gewindeschneidfutter
- Genauigkeitsbohrfutter
- Bohrstangenfutter
- Hydrodehnspannfutter
- Schrumpffutter.

Modulare Schwingungsdämpfung

Bei Werkzeugkombinationen mit großen Auskragungslängen treten Schwingungen auf. In der spanenden Fertigung begrenzen Werkzeugschwingungen maßgeblich die erzielbare Produktivität oder lassen bestimmte Operationen erst gar nicht zu. Mit schwingungsgedämpften Komponenten werden die Schwingungsamplituden reduziert. So lassen sich längere Standzeiten und verbesserte Oberflächengüten erzielen.

Dämpfung von Torsionsschwingungen

Lösungen zur Schwingungsdämpfung lassen sich auch über die ABS® -Trennstelle realisieren: Beim Bohren ins Vollmaterial wird durch Dämpfung der Torsionsschwingungen die Standzeit der Wendeschneidplatten erhöht und zugleich eine Geräuschminderung beim Bohrprozess erreicht. Im Dämpfungsadapter werden die Bohrer über die Trennstelle aufgenommen (Abb. 6).

Abb. 6: Torsionsschwingungsdämpfer mit Trennstelle

Dämpfung von Biegeschwingungen

Bei der Vor- und Fertigbearbeitung von tiefen Bohrungen wirken an der Spitze der Bohrwerkzeuge Querkräfte auf die Schneide(n). Einschneidige Bohrstangen werden sowohl im stehenden als auch im rotierenden Einsatz zum Aufbohren verwendet. Hier treten bei höheren Auskragungslängen häufig Biegeschwingungen auf. Diese wirken sich negativ auf das Bearbeitungsergebnis aus und reduzieren deutlich die erzielbaren Werkzeugstandzeiten.

Geometrische Optimierung des Werkzeugs

Bei Auskragungslängen ab 4×D (Länge-zu-Durchmesser-Verhältnis größer als 4) nimmt die mechanische Belastung aufgrund der dynamischen Zerspanungskräfte zu. Die geometrische Optimierung einer Bohrstange hinsichtlich der Verringerung der schwingenden Masse – ohne nennenswerte Einbußen bei der statischen Steifigkeit – führt zu einer Verbesserung des dynamischen Verhaltens. Möglich macht dies die Verwendung von Werkstoffen

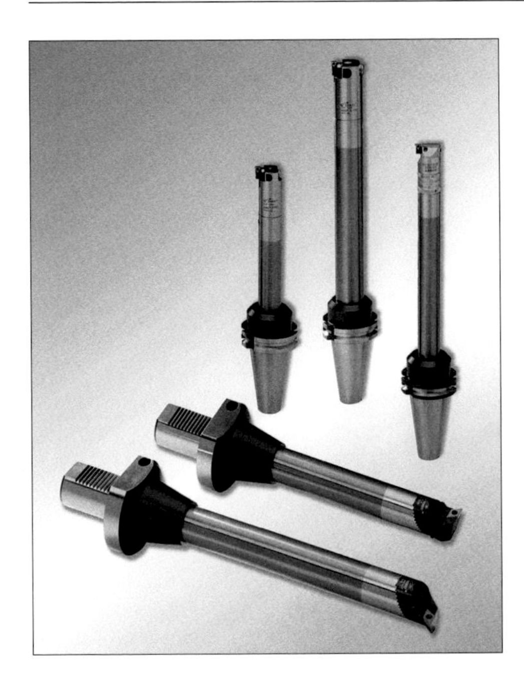

Abb. 7: Schwingungs-gedämpfte Adapter

wie *Ferrotitanit* oder *Hartmetall (HM)* (Abb. 7). Die Wirkung kann noch erhöht werden, wenn die schwingende Masse an den Stellen klein gehalten wird, an denen große Schwingungsamplituden zu erwarten sind. Mechanische Belastungen durch dynamische Zerspanungskräfte bestimmen die am Werkzeug resultierenden Auslenkungen. Die schwingungsgedämpften Werkzeugkomponenten sind mit unterschiedlichen Schnittstellen für stehenden und rotierenden Einsatz und für Auskragungslängen von 6×D bis 9×D verwendbar.

Dämpfungswirksame Maschinenelemente

Durch die Nutzung von dämfungswirksamen Maschinenelementen wie z. B. Verschraubungen und Führungen kann die Systemdämpfung maximiert werden. Im Zusammenspiel von Maschine, Vorrichtung, Werkstück und Werkzeug gilt es, stabile Bearbeitungsparameter zu ermitteln. Dies erfolgt in der Regel werkstoffbezogen anhand optimierter Schnittwerte.

Passive Schwingungssysteme

Darüber hinaus besteht die Möglichkeit, durch gezielte Veränderung des Nachgiebigkeitsfrequenzgangs eines Werkzeugsystems dessen Prozesssicherheit zu erhöhen. Dies wird mit innenliegenden Hilfsmassedämpfern erreicht (Abb. 8). Die Anwendung eines sehr einfachen und kostengünstigen passiven Dämpfungssystems bringt eine starke Reduzierung der dynamischen Nachgiebigkeit. Das Dämpfungssystem, ein Hilfsmassenschwinger, wird an die geometrisch optimierte Bohrstange angepasst. Diese schwingungsdämpfenden Module gibt es in mehreren Durchmessern des Anbaustecksystems (siehe S. 12) und in unterschiedlichen Systemlängen. Es entstehen schwingungsgedämpfte Aufnahmen für individuelle Werkzeuge.

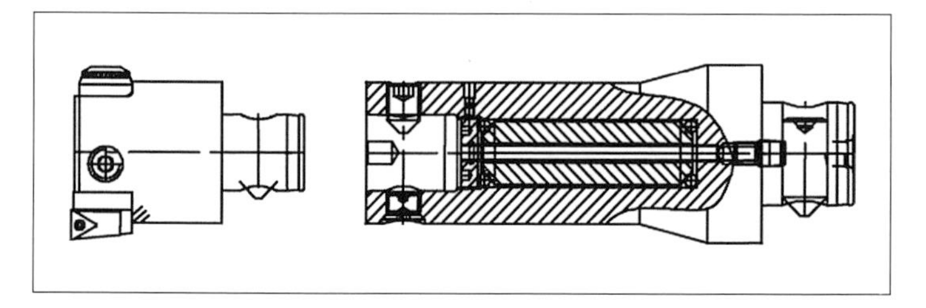

Abb. 8: Adapter mit Hilfsmassedämpfer

Material des Werkzeuggrundkörpers

Die Materialkennwerte des Werkzeuggrundkörpers bestimmen maßgeblich die erzielbaren Standzeiten der Wendeschneidplatten und die Oberflächengüte der zu bearbeitenden Bohrung. Zugleich beeinflusst die hohe Materialsteifigkeit über das verbesserte Abdrängverhalten der Bohrstange entscheidend die Maßhaltigkeit der erzeugten Bohrung.

Modulare Zerspanungswerkzeuge

Vollbohrwerkzeuge

Unter Vollbohren versteht man den Zerspanvorgang zur Erzeugung des gesamten Querschnitts einer Bohrung in *einem* Arbeitsgang. Dabei erfolgt die Hauptbewegung rotatorisch. Das Werkzeug führt die Vorschubbewegung in Richtung der Drehachse aus. Besonderheiten bei der Bohrungsbearbeitung sind u. a. die bis auf null abfallende Schnittgeschwindigkeit in der Bohrermitte und der schwierige Abtransport der Späne.
Die Bohrungsbearbeitung nimmt innerhalb der spanenden Bearbeitungsverfahren eine bedeutende Stellung ein. Man geht davon aus, dass mehr als 30 % aller Fertigungsvorgänge auf Bearbeitungszentren auf diese Art der Innenbearbeitung entfallen.
Ein Merkmal des Vollbohrens ist das Verhältnis von Länge zu Durchmesser der Bohrung. Bei Kurzlochbohrungen beträgt die Länge maximal 4×D, bei Tieflochbohrungen zwischen 5×D und 20×D. In diesem Buch werden ausschließlich Vollbohrwerkzeuge für Kurzlochbohrungen betrachtet.

Kurzloch-Vollbohrwerkzeuge

Modulare Wendeschneidplatten-Vollbohrwerkzeuge

Neben einteiligen Bohrern aus Schnellarbeitsstahl (HSS) und Vollhartmetall (VHM) werden zum Bohren in das Vollmaterial auch Bohrer mit Wendeschneidplatten (WSP) verwendet (Abb. 9). Diese Werkzeuge weisen Spanräume zur Späneförderung auf, die gerade genutet oder spiralisiert genutet sein können. Sie haben einen Schaft zur Aufnahme in die Maschi-

Abb. 9: Wendeschneidplatten-Vollbohrer

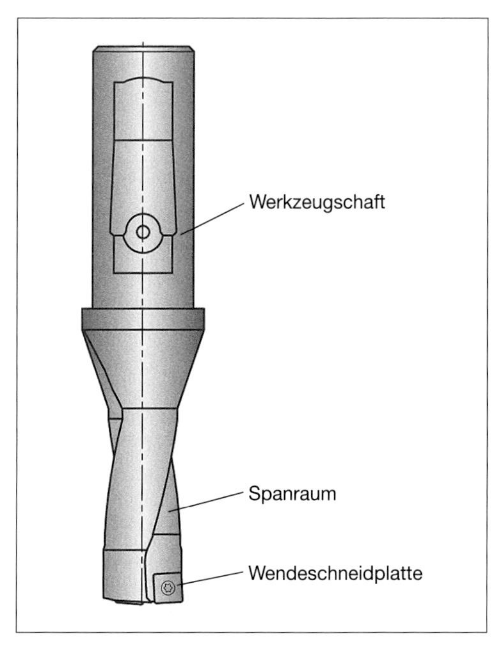

nenspindel oder in das Spannfutter, verfügen über eine innere Kühlmittelzuführung durch den Bohrergrundkörper zur Schneide und tragen Wendeschneidplatten.

Kraftausgleich

Da beim Kurzlochbohren mit dem Wendeschneidplattenbohrer unsymmetrische Zerspanungskräfte auftreten, werden die Wendeschneidplatten so angeordnet, dass ein gewisser Kraftausgleich während des Bearbeitungsvorgangs erfolgt.

Wendeschneidplatten können zwei, drei oder vier Schneidkanten besitzen. Entsprechend der zu bearbeitenden Materialien gibt es ein vielfältiges Spektrum von Wendeschneidplatten unterschiedlicher Formen und Schneidengeometrien sowie aus unterschiedlichen Schneidstoffen mit unterschiedlichen Beschichtungen. Die Vielzahl der verfügbaren Wendeschneidplatten

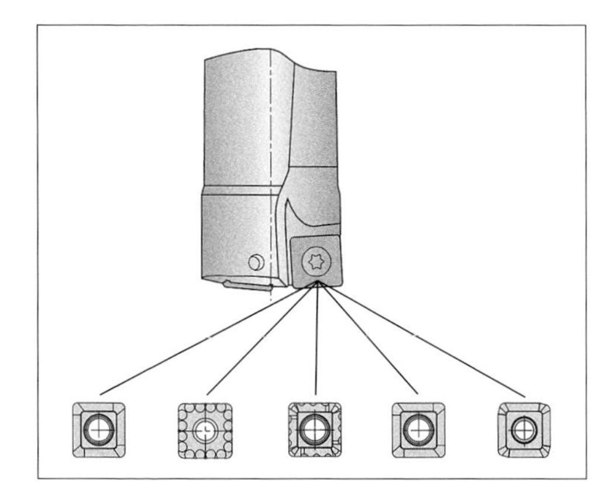

Abb. 10: Basismodul Wendeschneidplatte

ermöglicht es, für jede Bearbeitungsaufgabe die optimale Wahl zu treffen (Abb. 10).

Wendeschneidplatte als Basismodul

Mit einem Bohrergrundkörper können somit unterschiedliche Materialien bearbeitet werden. Ist die Schneidkante verschlissen, wird die Platte gewendet – daher die Bezeichnung Wendeschneidplatte – und das Werkzeug kann sofort weiter verwendet werden. Die Wendeschneidplatte kann somit als grundlegendes Modul in der Zerspanungstechnik bezeichnet werden.

Um unterschiedliche Bohrungslängen und -durchmesser zu fertigen, verfügen die Bohrergrundkörper über entsprechende Schaftanbindungen (Trennstellen). Bei Verwendung des identischen Spektrums an Wendeschneidplatten wird damit eine weitere Stufe der Modularität erreicht (Abb. 11).

Bohrverhalten

An dieser Stelle muss erwähnt werden, dass die konstruktive Auslegung dieser Wendeschneidplatten-Vollbohrer einen nicht unerheblichen Entwicklungsaufwand und entsprechendes Know-how erfordert. Das Bohrverhalten (Abdrängung und Schwingungen beim Bohren) hängt sowohl vom Durchmesser als auch vom Spiralisierungswinkel, von der

Abb. 11:
Eine Wendeschneidplatte für mehrere Varianten des Vollbohrwerkzeugs

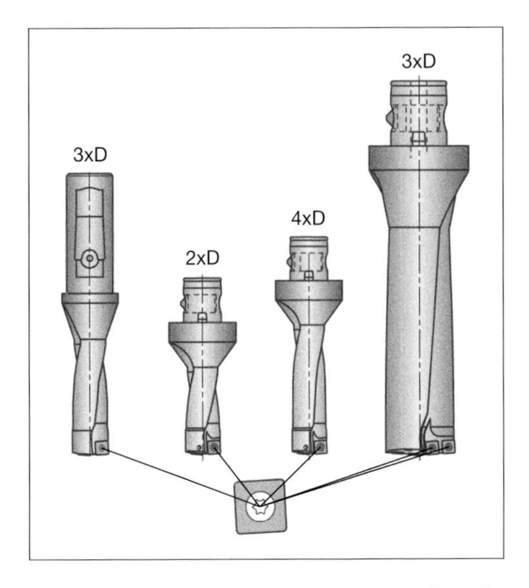

Kühlmittelzuführung, vom Länge-zu-Durchmesser-Verhältnis, vom zu bearbeitenden Werkstoff und von der Maschinenanbindung ab. Bei optimalem Bohrverhalten bringt die Modularität der Wendeschneidplatten-Vollbohrer dem Anwender großen Nutzen.

Modulare Vollbohrwerkzeuge mit Bohrkronen

Bohrkronen und Grundelemente

Auch komplette Bohrkronen werden als wechselbare Module ausgeführt. Dabei wird die Bohrkrone über eine spezielle Trennstelle mit dem entsprechenden Grundelement verbunden (Abb. 12). Durch die Verwendung mehrerer Grundelemente lassen sich z. B. mit ein und derselben Bohrkrone unterschiedliche Bohrungslängen bei gleichbleibendem Durchmesser fertigen. Auf der anderen Seite kann man mit ein und demselben Grundelement durch den Wechsel der Bohrkrone unterschiedliche Bohrungsdurchmesser fertigen. Durch diese Modularität

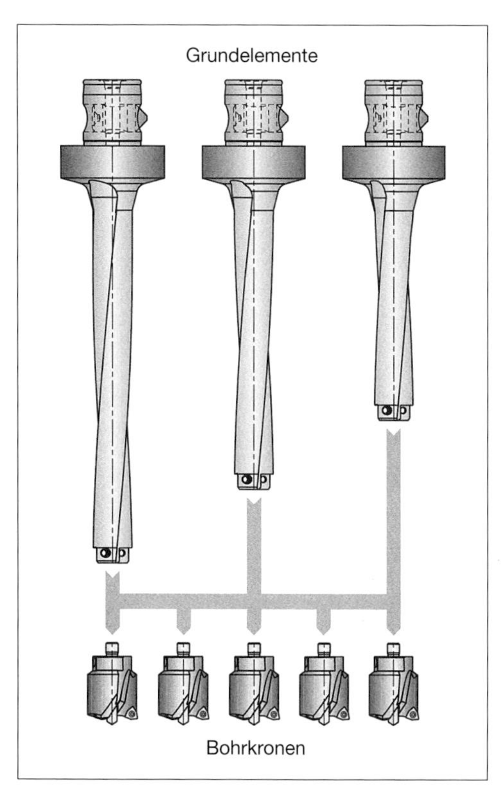

Abb. 12: Modulares Vollbohrwerkzeug mit Bohrkronen unterschiedlicher Durchmesser

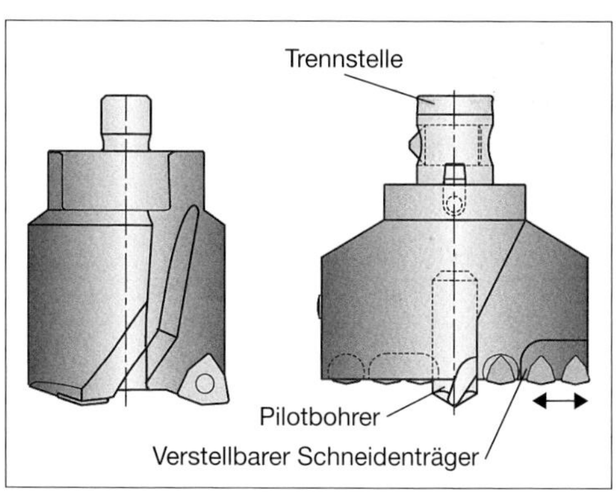

Abb. 13: Bohrkronen mit verstellbaren Kassetten und unterschiedlichen Trennstellen zur Aufnahme im Grundelement

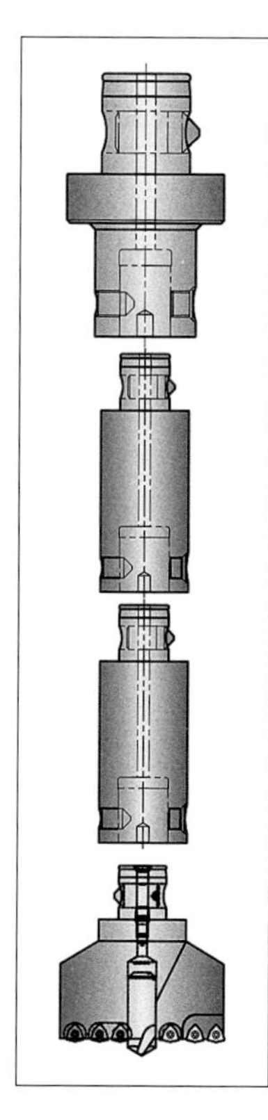

Abb. 14: Modulares System zum Bohren von Durchmessern zwischen 85 und 170 mm

kann der Anwender sein Werkzeuglager minimieren. Weitere Kombinationen aus Grundelementen und Bohrkronen für neue Bearbeitungsaufgaben lassen sich aus dem beim Werkzeughersteller verfügbaren umfangreichen Standardprogramm kurzfristig realisieren.
Durch verstellbare Kassetten kann mit einer Bohrkrone ein gewisser Durchmesserbereich überdeckt werden (Abb. 13). Dies gilt vor allem für Bohrkronen mit größerem Durchmesser. Die Trennstelle zwischen dem Grundelement und der Bohrkrone kann auch so ausgeführt sein, dass modulare Verlängerungen (siehe *Adapter, Verlängerungen, Reduzierungen, Spannfutter*, S. 13 ff.) als Grundelement eingesetzt werden können (Abb. 14). Die Modularität besteht in diesem Fall sowohl in der Variabilität des Durchmesserbereichs als auch in der Veränderbarkeit der Länge des Grundelements – selbstverständlich gilt dies nur innerhalb der vom Werkzeughersteller freigegebenen Obergrenzen.

Aufbohrwerkzeuge

Die Weiterbearbeitung einer bereits vorhandenen Bohrung mit dem Ziel, den Durchmesser zu vergrößern, wird als Aufbohren bezeichnet. Die ursprüngliche Bohrung kann durch Vollbohren erzeugt, vorgegossen oder geschmiedet worden sein. Die Schnitttiefe a_p beträgt mindestens 0,25 mm, d. h., es wird eine Durchmessererweiterung von mindestens 0,5 mm erreicht. Somit ist dieses Verfahren in den Bereich der *mittleren Bearbeitung* einzuordnen.

Werkzeuge mit zwei Wendeschneidplatten

Im Rahmen dieses Buches werden ausschließlich Aufbohrwerkzeuge mit zwei Wendeschneidplatten und damit zwei aktiven Schneiden betrachtet. Die Aufbohrwerkzeuge können mit festen oder im Werkzeugdurchmesser ein-

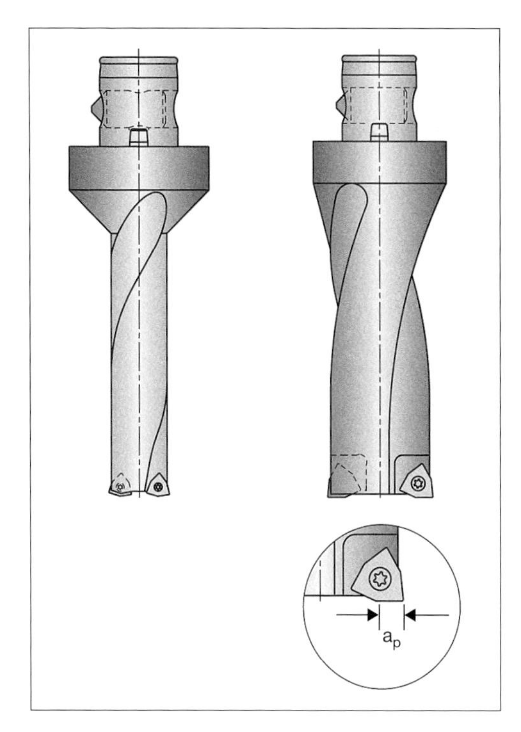

Abb. 15: Zweischneidige Aufbohrwerkzeuge

stellbaren Schneiden ausgeführt sein. Werkzeugkonstruktionen mit verstellbaren (einstellbaren) Schneiden lassen sich in zwei grundsätzliche Ausführungen unterteilen:

- Auf einem Grundkörper, der ähnlich dem des Vollbohrers ausgeführt ist, sind zwei radial verstellbare Schneidenträger angeordnet (Abb. 15). Ein Merkmal dieser ersten Ausführung ist der relativ geringe Verstellbereich des Durchmessers zwischen 1 und 2 mm.

Modulare Ausführung

- Die auf dem Grundkörper angeordneten zwei Schneidenträger der zweiten Ausführung ermöglichen einen größeren Verstellbereich (zwischen 8 und 80 mm, je nach Grundkörperdurchmesser). Für den gesamten zu überdeckenden Bohrungsdurchmesserbereich zwischen 24 und 400 mm sind je nach Werkzeughersteller lediglich 10 bis 12 verschieden starke Grundkörper erforderlich (siehe Abb. 16).

In der zweiten Ausführung ist das Konzept der Modularität offensichtlich.

Modulare Aufbohrwerkzeuge mit verstellbaren Schneidenträgern

Besondere Merkmale effizienter modularer Aufbohrwerkzeuge sind die Verstellbarkeit des Bohrungsdurchmessers und die robuste Bauweise. Diese Robustheit ist erforderlich, da die aufzubohrenden Bohrungen in ihrem Untermaß (halbe Differenz des zu erzielenden Solldurchmessers und des ursprünglichen Durchmessers) schwanken können, und zwar sowohl richtungsabhängig um die Mittelachse der Bohrung als auch tiefenabhängig, z. B. aufgrund von Ausformschrägen bei Gussteilen.
Der im Grundkörper integrierte Verstellmechanismus gewährleistet eine präzise Verstel-

Abb. 16: Modularer Aufbau eines zweischneidigen Aufbohrwerkzeugs mit verstellbaren Schneidenträgern; unterschiedliche Werkzeuglängen werden mit zwei verschieden langen Grundkörpern und identischen Schneidenträgermodulen realisiert.

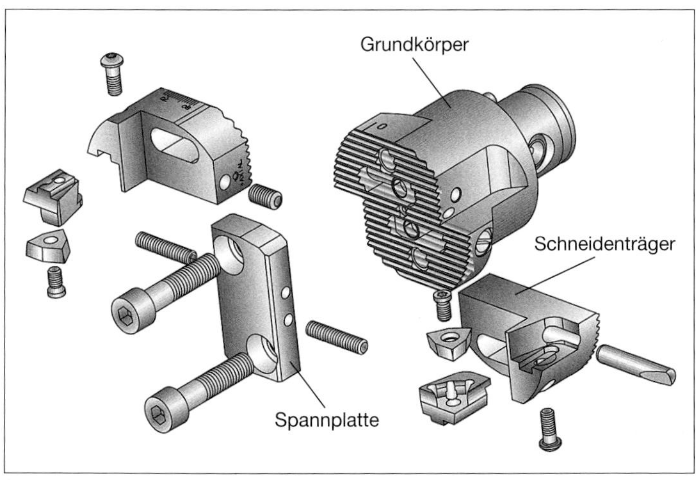

lung der Schneidenträger, die auf einem Werkzeugvoreinstellgerät vorgenommen wird. Befestigt werden die Schneidenträger durch Klemmen mittels einer Spannplatte (Abb. 16). Die Schneidenträger können dabei sowohl mit Festplattensitz als auch mit axial verstellbaren Kassetten ausgeführt sein.

Verstellmechanismus

Die Modularität dieser Werkzeuge ergibt sich aus der Verfügbarkeit folgender Komponenten:

Modulare Komponenten

- Schneidenträger für die unterschiedlichen Wendeschneidplattenformen
- Schneidenträger für unterschiedliche Anstellwinkel χ der Wendeschneidplatte
- Schneidenträger für die Bearbeitung von Grundlöchern oder Durchgangslöchern
- Schneidenträger mit Kassetten zur Axialverstellung; dadurch wird es möglich, die beiden Schneiden auf unterschiedliche Schnitttiefe einzustellen und somit eine Aufteilung des Schnitts vorzunehmen (Abb. 17).

Die genannten Komponenten sind identisch für Werkzeuggrundkörper unterschiedlicher

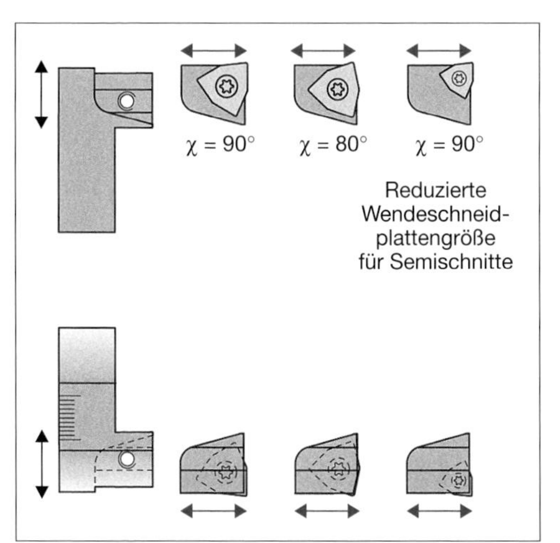

Abb. 17: Schneidenträger mit axial verstellbaren Kassetten für unterschiedliche Anstellwinkel und Größen der Wendeschneidplatte

Länge. Größere Werkzeuglängen und damit größere Bohrungstiefen sind durch den Einsatz von Verlängerungen (siehe *Adapter, Verlängerungen, Reduzierungen, Spannfutter*, S. 13 ff.) realisierbar. Beschädigte oder verschlissene Schneidenträger können problemlos vom Anwender ausgetauscht werden.

Flexibilität

Durch die Bestückung der Schneidenträger mit unterschiedlichen Wendeschneidplattenformen, Schneidstoffen und Schneidengeometrien lassen sich verschiedenartige Werkstoffe bearbeiten: Baustähle, Werkzeugstähle, rost- und säurebeständige Stähle, Grauguss, Sphäroguss, Nichteisenmetalle und warmfeste Stähle.

Modulare Aufbohrwerkzeuge mit Tangential-Wendeschneidplatten

Eine weitere Ausführung des beschriebenen Aufbohrwerkzeugs ist mit Tangential-Wende-

Abb. 18: Aufbohrwerkzeug mit Tangential-Wendeschneidplatten

Extreme Stabilität

schneidplatten bestückt. Diese Werkzeuge zeichnen sich durch extrem hohe Stabilität aus (Abb. 18). Die Schneidkraft wird vom Plattensitz optimal aufgenommen. Die Modularität zeigt sich darin, dass ein und dieselbe Wendeschneidplatte für Aufbohr- und Fräswerkzeuge gleichermaßen einsetzbar ist und dass eine Wendeschneidplattengröße in jedem Durchmesserbereich, für unterschiedliche Anstellwinkel und in Verbindung mit der Wendeschneidplatten-Feinverstellung (siehe *Werkzeuge zur Feinbearbeitung von Bohrungen*, S. 29 ff.) auch für Schrupp- und Schlichtoperationen verwendet werden kann – je nach Schneidstoff und Beschichtung zur Bearbeitung unterschiedlicher Materialien.

Wendeschneidplatten-Feinverstellung

Werkzeuge zur Feinbearbeitung von Bohrungen

Das Ziel der Feinbearbeitung ist die Verbesserung der Genauigkeit einer Bohrung hinsichtlich der Maßhaltigkeit, Form, Lage oder Oberflächengüte. Die Schnitttiefe a_p beträgt dabei in der Regel 0,1 bis 0,25 mm, jedoch maximal 0,5 mm.

Verfügt das rotierende Werkzeug über *eine* Schneide, so spricht man auch von Ausspindelwerkzeugen (Abb. 19). Das Bohrungsmaß selbst wird über die Schneide des Werkzeugs realisiert. Diese Schneide kann entweder fest auf einen Werkzeugdurchmesser bezogen oder radial verstellbar sein. Ausspindelwerkzeuge mit festen Schneiden finden jedoch kaum Verwendung. Die radiale Verstellung der Schneide ist wegen folgender Gesichtspunkte erforderlich:

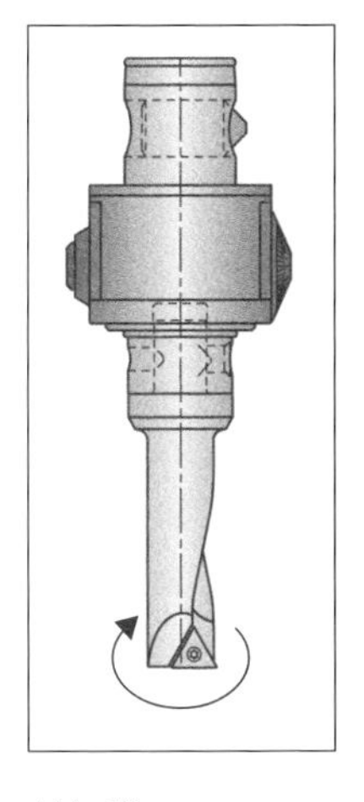

Abb. 19: Ausspindelwerkzeug zur Feinbearbeitung

- Flexibilität des Werkzeugs: Die Bearbeitung unterschiedlicher Durchmesser soll mit ein und demselben Werkzeug erfolgen.

- erzielbare Oberflächengüte: die Oberflächengüte hängt unter anderem vom Eckenradius der Schneide ab, sodass auf einem Schneidenträger Wendeschneidplatten mit unterschiedlichen Eckenradien verwendet werden. Da sich der Abstand der Schneidecke von der Mittelachse des Werkzeugs – das f-Maß – bei unterschiedlichen Eckenradien verändert, ist eine Korrektur dieses Maßes erforderlich, um den Durchmesser identisch beizubehalten.
- Verschleißkompensation.

Die Verstellbarkeit der Schneide wird durch eines der fünf im Folgenden beschriebenen konstruktiven Prinzipien verwirklicht (Abb. 20):

Die Einstellelemente einer *Wendeschneidplatten-Feinverstellung* – 1. Konstruktionsprinzip – wirken direkt auf die Wendeschneidplatte. Der Verstellweg ist gering (0,01 bis 0,1 mm). Die Befestigung der Wendeschneidplatte erfolgt mittels einer Klemmschraube. Durch den als

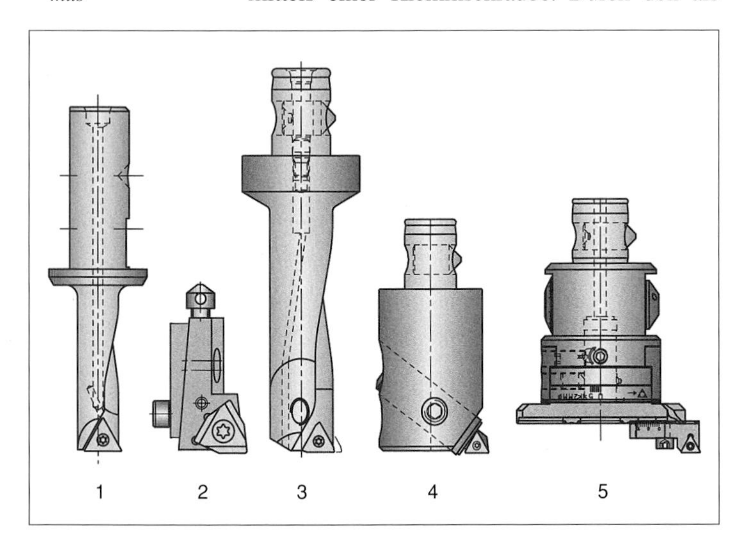

Abb. 20: Konstruktionsprinzipien verstellbarer Feinbohrwerkzeuge;
1 Wendeschneidplatten-Feinverstellung
2 Verstellung von Kassetten und Kurzklemmhaltern
3 Verstellkopf
4 Feindreheinsatz
5 Feinverstellkopf mit integriertem Verstellmechanismus

»Anzug« bezeichneten Versatz der Mitte der Klemmschraube zur Mitte der Gewindebohrung der Wendeschneidplatte wird die Wendeschneidplatte in den Plattensitz hineingezogen. Bei diesem Verstellprinzip wird im Bereich des Anzugs verstellt, der gleichzeitig die Wegbegrenzung darstellt.

Konstruktionsprinzipien für verstellbare Schneiden

Die *Verstellung von Kassetten* und *Kurzklemmhaltern* – 2. Konstruktionsprinzip – erfolgt durch Verstellschrauben (Abdrückschrauben), Verstellstifte oder Keile. Der Verstellweg beträgt je nach Ausführung ca. 0,1 bis 0,3 mm.

Auf dem Grundkörper einer Bohrstange mit *Verstellkopf* – 3. Konstruktionsprinzip – ist der Schneidenträger direkt befestigt. Die Anwendung solcher Bohrstangen ist rückläufig, da der Verstellweg und die Flexibilität begrenzt sind.

Bohrstangen mit *Feindreheinsätzen* – 4. Konstruktionsprinzip – zählen zu den konventionellen Spindelwerkzeugen. Die Modularität zeigt sich darin, dass Feindreheinsätze verwendet werden, um unterschiedliche Durchmesser sowie den Einsatz mehrerer Wendeschneidplattenformen zu ermöglichen. Die Feindreheinsätze sind für unterschiedliche Bohrungsarten wie Grundbohrungen oder Durchgangsbohrungen ausgelegt. Bohrstangen mit größerem Länge-zu-Durchmesser-Verhältnis können somit ebenfalls realisiert werden. Bei den Grundkörpern der Werkzeuge handelt es sich meist um nach Kundenanfordungen gefertigte Sonderbohrstangen (Abb. 21). Die

Abb. 21: Reihenbohrstange mit Feindreheinsätzen

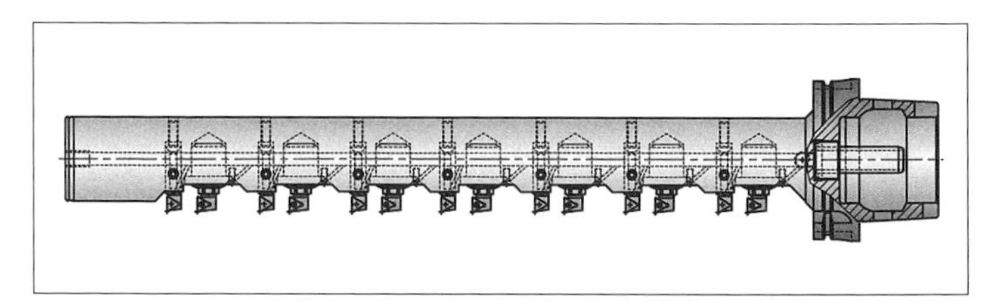

Feindreheinsätze, d. h. die Module, sind als Katalogware erhältliche Standardartikel.

Bei *Feinverstellköpfen mit integriertem Verstellmechanismus* – 5. Konstruktionsprinzip – wird ein auch als Schieber bezeichnetes Bauteil in radialer Richtung verstellt. Im Schieber ist eine Trennstelle zur Aufnahme von mit Wendeschneidplatten bestückten Bohrstangen, Schneidenträgern oder Wechselbrücken integriert.

Skalenscheibe ...

Bei den ersten drei genannten Konstruktionsprinzipien erfolgt die Verstellung der Schneide in der Regel auf einem Werkzeugvoreinstellgerät. Bei den beiden anderen Konstruktionsprinzipien bietet eine Skalenscheibe die Möglichkeit der Visualisierung des Zustellwegs. Beim 5. Konstruktionsprinzip hat der Anwender die Wahl zwischen Feinverstellköpfen mit einer Skalenscheibe oder mit einem Dis-

Abb. 22: Feinverstellkopf mit digitaler Anzeige

play, in dem die Durchmesserveränderung digital angezeigt wird (Abb. 22).

... oder Display

Modularität durch Feinverstellköpfe

Die Modularität der Feinverstellköpfe zeigt sich in der praktischen Anwendung durch eine Vielzahl von Kombinationsmöglichkeiten für

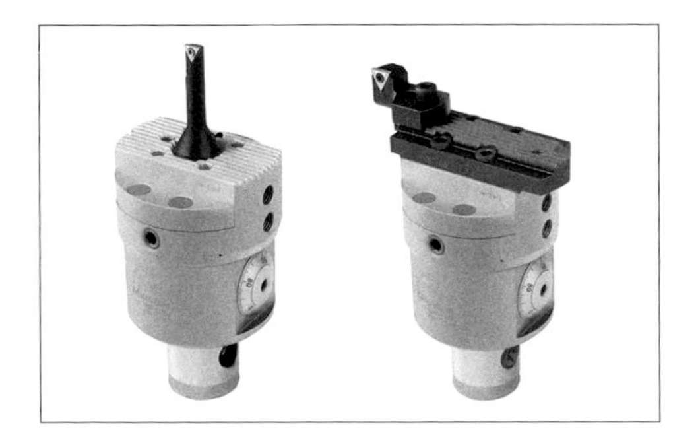

Abb. 23: Feinverstellkopf (MicroKom® hi.flex)

unterschiedliche Verstellwege sowie den möglichen Einsatz von Bohrstangen, Schneidenträgern und Wechselbrücken (Abb. 23). Als Basis

Abb. 24: Modularer Aufbau eines Feinverstellkopfes

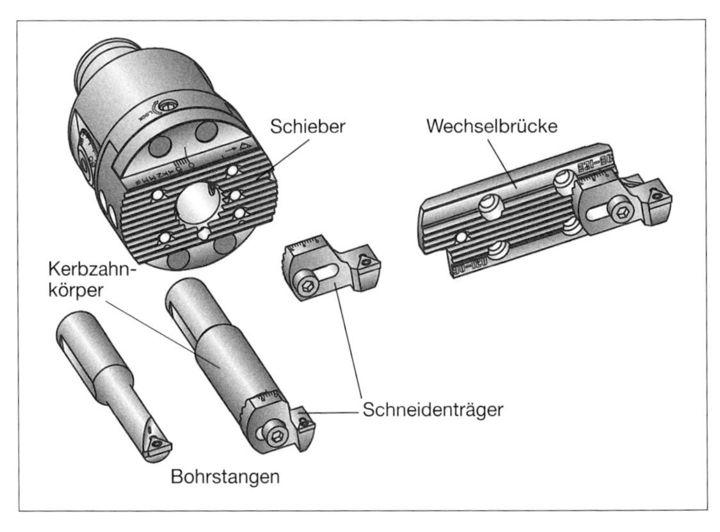

dient ein Feinverstellkopf oder eine Baureihe von Feinverstellköpfen. Für kleine Bohrungsdurchmesser von 0,5 bis 25 mm werden Bohrstangen mit Zylinderschaft oder auch mit einer modularen Trennstelle, im Durchmesserbereich von 25 bis 60 mm Bohrstangen mit Kerbzahnkörpern und Schneidenträgern und im Durchmesserbereich von 60 bis 125 mm Wechselbrücken mit Schneidenträgern verwendet (Abb. 24).

Automatischer Wuchtausgleich

Sind höhere Drehzahlen erforderlich, die vor allem bei kleinen Bohrungsdurchmessern oder HSC-Bearbeitungen (High-Speed Cutting) auftreten, werden Feinverstellköpfe mit automatischem Wuchtausgleich verwendet. Deren Funktionsweise kann wie folgt beschrieben werden: Ein Masseelement wird bei Verstellung des Schiebers automatisch in die entgegengesetzte Richtung verstellt (Abb. 25).

Abb. 25: Dynamischer Wuchtausgleich bei einem Feinverstellkopf

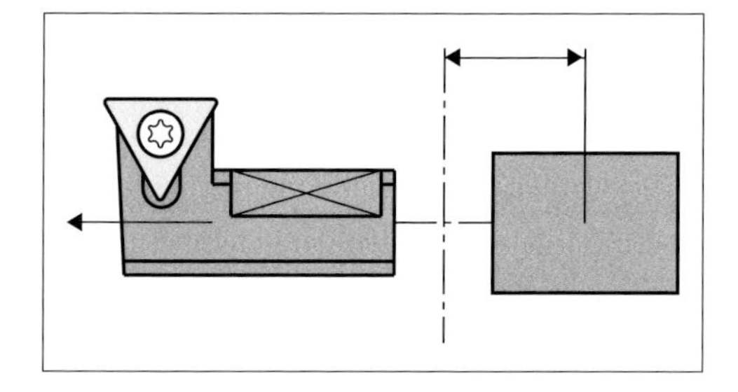

Dieses Prinzip funktioniert sehr gut für kleine Bohrungsdurchmesser, weil die entsprechenden Bohrstangen eine geringe Masse haben. Feinverstellköpfe mit automatischem Wuchtausgleich können für Drehzahlen zwischen 18 000 und 40 000 U/min eingesetzt werden.

Wechselbrücken in Leichtbauweise

Bei größeren Bohrungen mit Durchmessern zwischen 103 und 206 mm werden die Wechselbrücken in Leichtbauweise (Abb. 26) ausgeführt, um die zu verstellende Masse gering zu halten.

Abb. 26: Feinverstellkopf mit Wechselbrücken in Leichtbauweise

Bei rotierenden Werkzeugen spricht man von einer *Unwucht*, wenn die Masse des Werkzeugs nicht vollständig rotationssymmetrisch verteilt ist. Man unterscheidet zwischen statischer und dynamischer Unwucht. Meist treten beide Formen der Unwucht zugleich auf. Durch die Unwucht und die bei der Rotation entstehenden Fliehkräfte treten bei hohen Drehzahlen Vibrationen auf, die sich auf das Bearbeitungsergebnis, den Verschleiß des Werkzeugs und die Spindellagerung der Werkzeugmaschine negativ auswirken.

Modulare Leichtbauwerkzeuge für große Bohrungsdurchmesser

Wechselnde große Durchmesser ...

Zur Feinbearbeitung noch größerer Durchmesser oberhalb 200 mm kommen zunehmend Leichtbauwerkzeuge zum Einsatz. Da die Gesamtzahl der feinzubearbeitenden Bohrungen mit zunehmendem Durchmesser abnimmt, hat der Anwender vor allem bei großen Bohrungen kleinere Losgrößen mit wechselnden Durchmessern zu bearbeiten. Diesem Sachverhalt tragen modulare Werkzeugkonzepte (Abb. 27) Rechnung. Sie bestehen aus einem Grundträger aus Leichtbauwerkstoff und variablen Modulen, die aus Stahl oder ebenfalls aus Leichtbauwerkstoff ausgeführt sind. Für komplett montierte Leichtbauwerkzeuge wird, je nach Durchmesser, eine *Gewichtsreduzierung* bis zu 60 % gegenüber der konventionellen Bauweise aus Werkzeugstahl erreicht.

Die Module des Leichtbauwerkzeugs sind völlig unabhängig vom Bohrungsdurchmesser zu verwenden. Die einzige vom Bohrungsdurchmesser abhängige Komponente ist der Grund-

Abb. 27: Baukastensystem für Leichtbauwerkzeuge (Bohrungsdurchmesser über 200 mm)

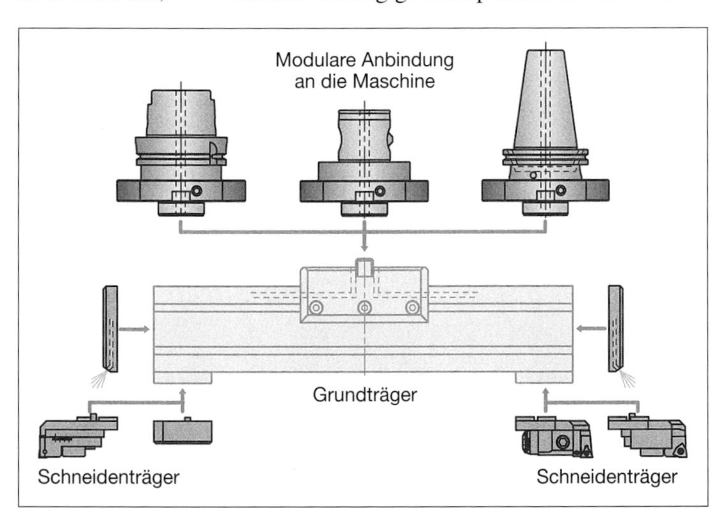

träger. Die Anbindung an die Maschine erfolgt über Adapter, die Aufnahme der Schneidenträger durch indexierbare Grundplatten. Die Module sind auf dem Grundträger radial verstellbar; je nach Grundträger kann der mögliche Bearbeitungsdurchmesser beispielweise um 70 mm variiert werden.

... durch radial verstellbare Schneidenträger

Die Kühlschmierstoffzuführung erfolgt über den gesamten Durchmesserbereich jeweils bis zur Schneide. Durch Kombinieren von Grundträgern mit unterschiedlichen Modulen können sowohl Komplettwerkzeuge zur Feinbearbeitung als auch Komplettwerkzeuge zum Schruppen (mittlere Bearbeitung bzw. Semischlichten) konfiguriert werden.

Für vergrößerte Auskragungslängen sind entsprechende modulare Verlängerungen zwischen der Maschinenspindel und dem Feinbohrwerkzeug anzuordnen. Diese Adapter und Verlängerungen sind ebenfalls aus modernen Leichtbauwerkstoffen hergestellt.

Die Schneidenträger sind in der Regel modular wechselbar. Somit sind Bearbeitungen vor-

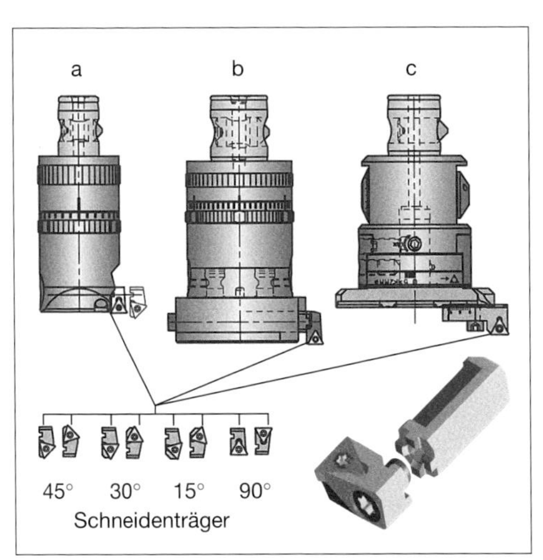

Abb. 28: Modul Schneidenträger – identisch für verschiedene Produktreihen: Feinverstellkopf mit
a integriertem Wuchtausgleich
b Wechselbrücke in Leichtbauweise
c Verzahnungstrennstelle

wärts und rückwärts mit unterschiedlichen Anstellwinkeln und unterschiedlichen Wendeschneidplattenformen mit einem Werkzeug möglich. Die Schneidenträger sind auf mehrere Produktreihen adaptierbar (Abb. 28).

Mehrfachverwendung der Komponenten

Die Modularität bei derartigen Feinbearbeitungskonzepten zeigt sich in der Mehrfachverwendung einzelner Komponenten. Als Ergebnis wird eine große Variantenvielfalt mit einer begrenzten Anzahl von Komponenten erreicht.

Reibwerkzeuge

Das Reiben zählt zu den Feinbearbeitungsverfahren und dient zur Verbesserung der Bohrungsqualität. Bezüglich der Kinematik des Verfahrens versteht man darunter ein Aufbohren mit geringer Schnitttiefe. Die Bohrungsqualitäten erreichen mindestens IT7.

Die Schneiden einer Reibahle können parallel oder windschief zur Mittelachse angeordnet sein. Je nach Verlauf spricht man von einer Gerad- oder Schrägverzahnung.

Werkzeughalter und Wechselkopf

Modulare Reibwerkzeuge bestehen aus einem Werkzeughalter und einem Wechselkopf. Die Modularität besteht darin, dass ein und derselbe Werkzeughalter für unterschiedliche Wechselköpfe verwendet werden kann (Abb. 29) und ein Wechselkopf auf unterschiedliche Ausführungen des Werkzeughalters montierbar ist. Der Anwender hat gegenüber Monoblock-Reibwerkzeugen folgende Vorteile:

Vorteile modularer Reibwerkzeuge

- Er kann flexibel auf die mit den Aufträgen wechselnden Bohrungsdurchmesser und Werkstoffe reagieren.
- Er kann verschlissene Wechselköpfe austauschen (reduzierte Werkzeugkosten).
- Er kann maschinenspezifische Adapter unabhängig von der Zuordnung zur Schneide disponieren (reduzierte Beschaffungs- und Lagerhaltungskosten).

Abb. 29: Modulare Reibwerkzeuge

Sichere Drehmomentübertragung

Um die beim Reiben auftretenden Drehmomente sicher übertragen und die für die Feinbearbeitung erforderlichen Rundlaufgenauigkeiten einhalten zu können, ist eine sehr genaue Trennstelle erforderlich. All dies kann beispielsweise das im Folgenden beschriebene *Kurzkegel-Plananlage-System* gewährleisten. Bei diesem Trennstellensystem (Reamax®) wird das Drehmoment mittels der Haftreibung am Konus und zusätzlichem Formschluss übertragen. Für den Formschluss sorgt ein Sechskant, der zugleich die Funktion der Schneidenorientierung übernimmt.

Beim Austauschen des Wechselkopfes wird eine Genauigkeit unter 3 µm erreicht. Der Wechselkopf kann monolithisch aus einem Schneidstoff oder als ein Trägerkopf mit fest oder lösbar gefügten Schneiden ausgeführt sein. Die Werkzeughalter lassen sich durch ihre Schaftausführung an die in *Adapter, Verlängerungen, Reduzierungen, Spannfutter*, S. 13 ff., beschriebenen Spannfutter anbinden.

Kombinationswerkzeuge

Multifunktions-werkzeuge

Die Integration von mehr als einem der beschriebenen Bearbeitungsverfahren in ein Werkzeug ist mit Kombinationswerkzeugen möglich. Solche Werkzeuge werden auch als Multifunktions- oder Multitaskwerkzeuge oder Hybrid Tool™ bezeichnet (Abb. 30 oben).

Die Wendeschneidplatten können entweder mittels Festplattensitz oder mittels Schneidenträger auf dem Werkzeugträger fixiert sein. Die Schneidenträger sind als modulare Elemente ausgeführt und werden als Kurzklemmhalter (KKH) bezeichnet. Mit einem Programm an Kurzklemmhaltern (Abb. 30 unten) können die verschiedenen Bearbeitungsaufgaben wie z. B. Aufbohrstufen, Fasen, Schultern als Planflächen, rückwärtige Senkungen oder

Abb. 30: Kombinationswerkzeug (oben) und Kurzklemmhalter (unten)

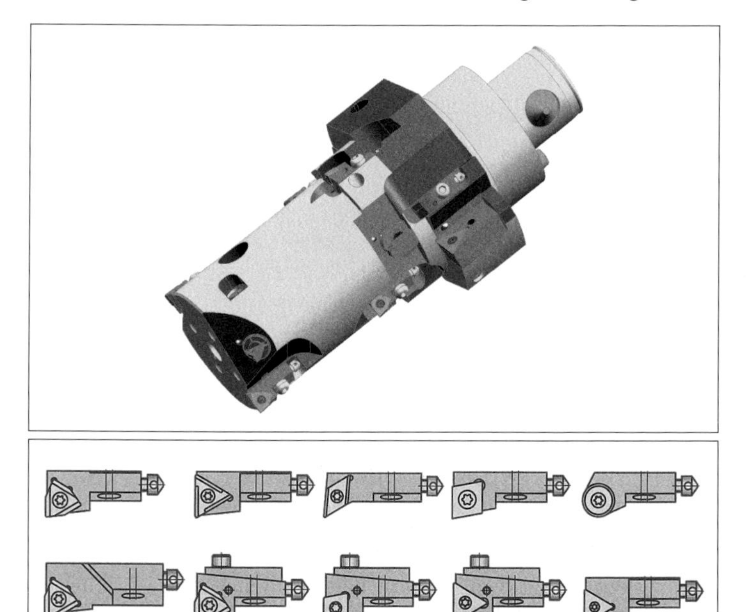

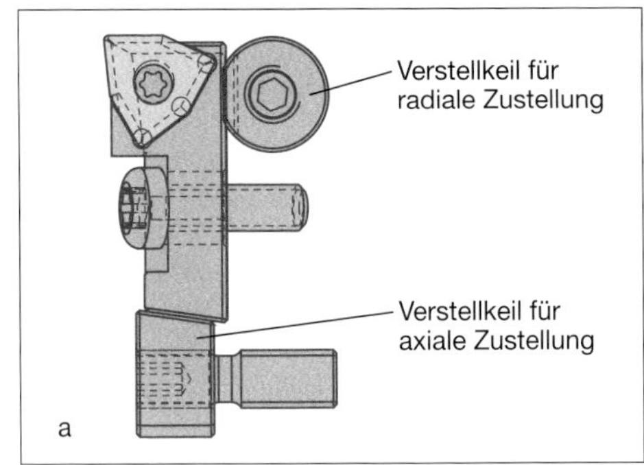

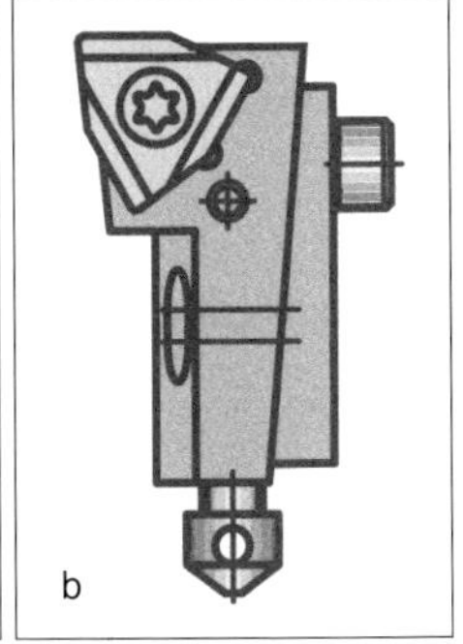

Abb. 31: Verstellmöglichkeiten am Modul Kurzklemmhalter;
a integriert im Trägerwerkzeug
b Kurzklemmhalter mit integrierter Keilverstellung

Einstiche abgedeckt werden. Die genaue Abstimmung der einzelnen Schneiden hinsichtlich des Durchmessers und Längenmaßes erfolgt durch Abdrückschrauben oder Verstellelemente. Diese Elemente können sowohl im Trägerwerkzeug als auch im Kurzklemmhalter angeordnet sein (Abb. 31).

Schieberwerkzeuge

Konstruktionsprinzip

Die Bearbeitung von Formelementen wie Einstichen, Hinterdrehungen, Zapfen und Bohrungen (zylindrisch oder kegelförmig) bei überwiegend prismatischen Werkstücken wird mit Schieberwerkzeugen (Abb. 32) realisiert. Solche Werkzeuge funktionieren nach folgendem Konstruktionsprinzip: Durch die Zugstange wird eine Axialbewegung erzeugt, die über die Verzahnung in eine Radialbewegung des Schiebers umgelenkt wird. Diese Radialbewegung wird als Hub bezeichnet. Im Schieber ist eine Trennstelle zum Befestigen der Aufsatzwerkzeuge integriert.

Schieberwerkzeuge kommen in der Regel auf Sondermaschinen wie Rundtaktmaschinen oder Transferstraßen zum Einsatz. Es handelt sich meist um werkstückbezogene Sonderwerkzeuge, die sich entsprechend dem zu be-

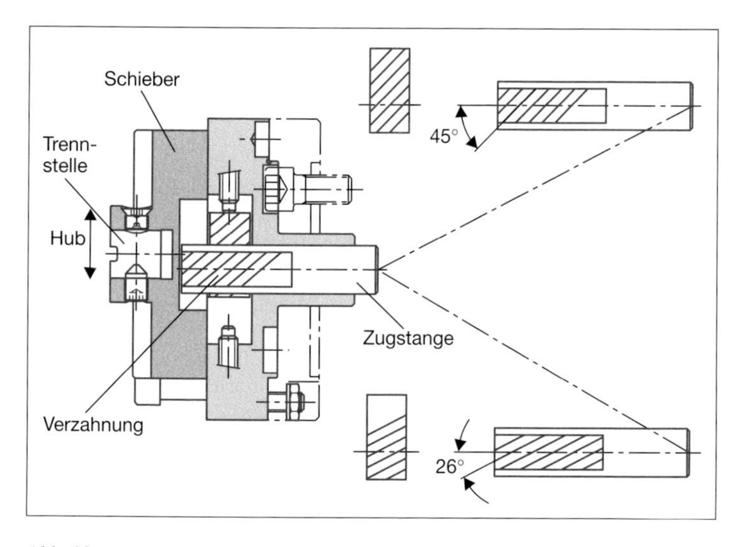

Abb. 32: Grundprinzip eines Schieberwerkzeugs

arbeitenden Formelement im Hub, in der Trennstelle oder im Verzahnungswinkel unterscheiden.

Modulare Schieberwerkzeuge aus dem Baukasten

Um die Effizienz für den Anwender hoch zu halten, werden solche Werkzeuge mittlerweile auch aus dem Baukasten (Abb. 33) angeboten.

Abb. 33: Planschieber-Werkzeug in kompakter Bauweise

Durch unterschiedliche Verzahnungswinkel der Zugstange und der im Schieber angeordneten Zahnstange können geeignete Übersetzungsverhältnisse realisiert werden.

Modulaustausch durch den Anwender

Besonderes Merkmal modularer Schieberwerkzeuge ist die einfache Austauschbarkeit von Modulen bei Verschleiß. Dieses Merkmal hat erhebliche Vorteile gegenüber der bei konventionellen Schieberwerkzeugen praktizierten Vorgehensweise, das Werkzeug bei Verschleiß zum Hersteller zu senden, um es dort reparieren zu lassen. So kann beispielsweise durch den Wechsel von austauschbaren Abstimmplatten das Umkehrspiel bei Verschleiß einfach reduziert werden. Der Werkzeuganwender spart Zeit und Kosten.

Mechatronische Werkzeugsysteme

Mechatronische Werkzeugsysteme lassen sich durch das Zusammenwirken von Präzisionsmechanik, Elektronik und Software charakterisieren. Ausgestattet mit Sensoren und/oder Aktoren erfolgen notwendige Verstellungen am Werkzeug sowie die Überwachung des Werkzeugs oder des Bearbeitungsprozesses eigenständig.

Aktorische Werkzeugsysteme für Standard-Bearbeitungszentren

Spanende Komplettbearbeitung

Der generell auf der Investitionsgüterindustrie lastende Kostendruck wirkt sich besonders in der spanenden Komplettbearbeitung komplexer Werkstücke aus. Für Bauteile, die eine aufwendige Dreh- und Fräsbearbeitung benötigen, gibt es unterschiedliche Fertigungsprinzipien. Neben Sondermaschinen werden bereits erfolgreich automatisch einwechselbare aktorische Werkzeugsysteme (Abb. 34) eingesetzt, die auf Bearbeitungszentren berührungslos mit Daten und Energie versorgt werden. Auf dem Bearbeitungszentrum werden somit Drehbear-

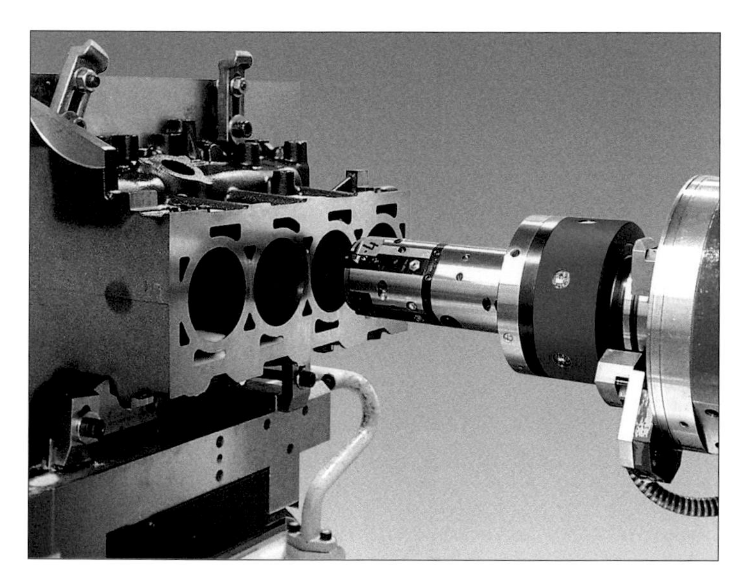

Abb. 34: Mechatronisches Werkzeugsystem

beitungen ermöglicht. Ein zusätzlicher Effekt der Kombination solcher Werkzeugsysteme mit Standard-Werkzeugmaschinen ist die Erhaltung der für ein Bearbeitungszentrum typischen Flexibilität hinsichtlich des zu bearbeitenden Teilespektrums.
Um die Komplexität der automatisch wechselbaren Werkzeugsysteme zu begrenzen und zugleich die Flexibilität zu gewährleisten, werden solche Systeme in identische Funktionseinheiten (Abb. 35) gegliedert:

Funktionseinheiten

- die Schnittstelle zur Maschinenspindel
- die Einheit zur Energie- und Datenübertragung
- die aktorische Antriebseinheit (Stellmechanik)
- die Elektronikhardware
- die Wuchteinheit
- die Trennstelle für das Aufsatzwerkzeug mit dem Schneidenträger.

Für mechatronische Werkzeugsysteme sind sämtliche am Markt gängigen Schnittstellen ver-

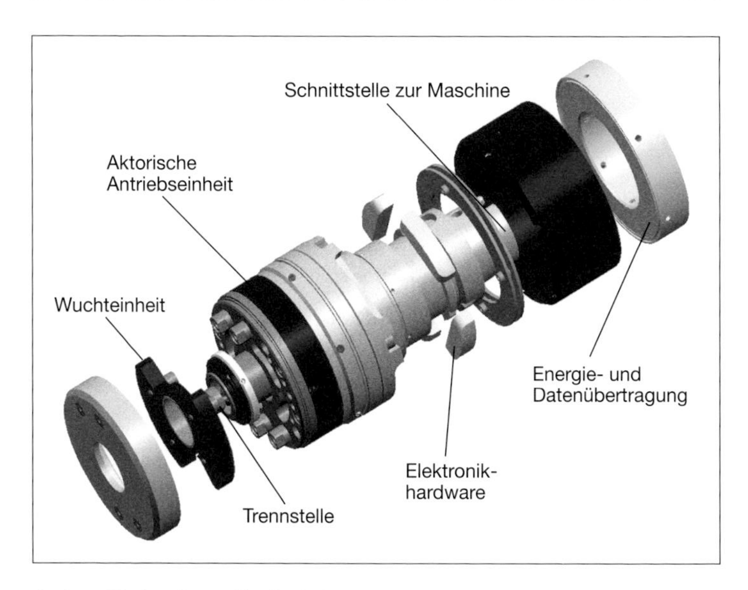

Abb. 35: Funktionseinheiten mechatronischer Werkzeugsysteme

fügbar. Es ist sinnvoll, die Schnittstelle mit den weiteren Funktionseinheiten nach mechanischen Gesichtspunkten wie z. B. der Biege- und Torsionssteifigkeit zu kombinieren.

Die Stellmechanik ist sowohl für mechatronische Antriebe als auch für rein mechanische Antriebe (siehe *Schieberwerkzeuge*, S. 41 ff.) verwendbar. Hier zeigt sich die Flexibilität in besonderem Maß, da gezielt auf die Erfordernisse und Maschinenvoraussetzungen des Anwenders eingegangen werden kann (Abb. 36).

Durch Austausch von mechanischen Elementen in der Antriebseinheit können der Verstellweg und die Auflösung beeinflusst werden, d. h., die Antriebseinheit selbst ist modular aufgebaut. Dies hat zur Folge, dass die Genauigkeit des Systems variiert werden kann.

Die Elektronikhardware der Antriebseinheit ist ebenfalls modular gestaltet. Erforderliche Umbaumaßnahmen und Diagnosemöglichkeiten können einfach umgesetzt werden.

Abb. 36: Ausführungsvarianten mechatronischer Werkzeugsysteme

Abb. 37: Trennstellenmodule

Die Wuchteinheit ermöglicht eine vollständige dynamische Wuchtung während der Bearbeitung – unabhängig vom Hub. Auch bei hohen Drehzahlen wird somit die erforderliche Laufruhe erreicht.

Über die Trennstelle sind Aufsatzwerkzeuge zur Innenbearbeitung und zum Außendrehen koppelbar. Unterschiedliche Trennstellenmodule sind verfügbar (Abb. 37).

Bei dieser wie bei jeder Modularisierung sind gewisse Randbedingungen zu berücksichtigen. Als wesentliche Randbedingungen sind die Auskragungslänge und das Gewicht eines solchen Werkzeugsystems zu nennen.

Modulare Ankopplung an die Werkzeugmaschine

Zur Integration in die Werkzeugmaschine gibt es ebenfalls modulare Bausteine. Die Ankopplung an die Maschinensteuerung übernimmt die NC-Einheit, der Stator sorgt für die Energie- und Datenübertragung von der Maschinenspindel in das Werkzeug. Ein Wechselmodul des Stators sorgt für die Anpassung an den jeweiligen Spindelkopf (z. B. HSK 63 oder

HSK 100) und gewährleistet entweder nur die Energieübertragung oder die Energie- und Datenübertragung.
Die Modularität mechatronischer Werkzeugsysteme bereits im Entwicklungs- und Konzeptstadium zu berücksichtigen, erfordert zwar einen erhöhten Aufwand, dieser Aufwand zahlt sich jedoch später in der Anwendung aus. Denn es wird eine universelle Einsatzmöglichkeit, eine applikationsspezifische Abstimmung sowie eine servicefreundliche Einsatzbetreuung erreicht.

Mechatronische Werkzeugsysteme als U-Achse

Dynamische Schneidenverstellung

Eine dynamische Schneidenverstellung während der Bearbeitung ist bei mechatronischen Werkzeugen mit speziellen U-Achssystemen (KomTronic®) möglich. Verbunden mit prozessnaher Fertigungsmesstechnik entstehen geschlossene Regelkreise. Werkzeugmessdaten oder gemessene Ergebnisse am Werkstück werden als Kompensationswerte zu Parametern im Gesamtprozess. Mit einem U-Achssystem können die unterschiedlichsten Konturen durch Innenbearbeitung oder Außenüberdrehen realisiert werden (siehe S. 65 ff.).

Modularität in der Werkzeugkonstruktion und -fertigung

3D-Konstruktion

In der Wertschöpfungskette eines jeden Produkts kommt der Entwicklung und Konstruktion die größte Bedeutung zu. Die beschriebenen modularen Werkzeugkonzepte ermöglichen auch die Modularisierung der mit der Entstehung der Werkzeuge verknüpften Arbeitsschritte wie Entwicklung und Konstruktion, Fertigung, Montage und Prüfung.

Abb. 38: Sonderwerkzeug, modular konstruiert und gefertigt

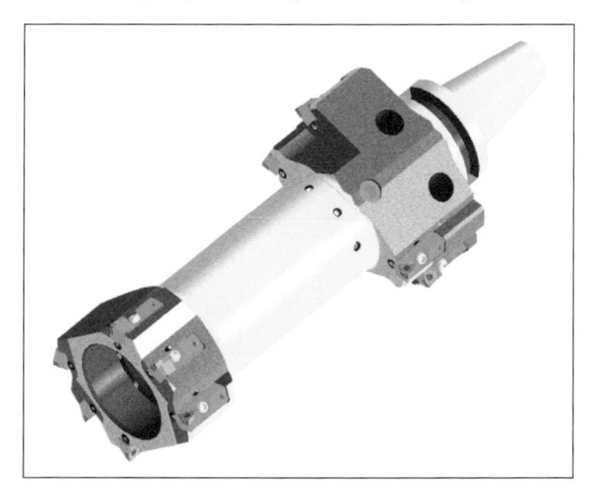

Konstruktion mit Makros

Die Entwicklung von Zerspanungswerkzeugen erfolgt heute fast ausschließlich über die 3D-Konstruktion. Die Modularität im Konstruktionsprozess zeigt sich darin, dass modulare Werkzeugkomponenten als Makros programmiert und als solche in der 3D-Konstruktionssoftware hinterlegt sind. Basis sind die jeweiligen Standardprodukte und deren geometrische Verknüpfungsbedingungen (Abb. 38). Auf diese Makros greift der Konstrukteur bei der Werkzeugkonstruktion zu. Es wird somit gewährleistet, dass einerseits die Konstruktionszeit selbst reduziert wird und andererseits die Ausführung der Werkzeuge in gleichbleibender Vorgehensweise mit unveränderter Funktionalität erfolgt. Durch die vollständige Attributierung aller Komponenten und Formelemente wird darüber hinaus eine konstruktionsbegleitende Kalkulation ermöglicht.

Konstruktionsbegleitende Kalkulation

Sonderwerkzeuge aus Standardkomponenten

Vor allem bei der Entwicklung von Sonderwerkzeugen spielt die 3D-Konstruktion eine wesentliche Rolle. Sonderwerkzeuge werden werkstückbezogen ausgelegt. Zu den Restriktionen bei der Auslegung zählen die Dimensionen des Werkstücks, der zu bearbeitende Werkstoff sowie Vorrichtungen und zu erzielende Zerspanvolumina. Für jede einzelne dieser Restriktionen liegen hinreichende Test- und Freigabeergebnisse von Standard-Werkzeugmodulen vor. Diese ermöglichen es dem Konstrukteur des Sonderwerkzeugs, entsprechend der speziellen Anforderungen seiner Bearbeitungsaufgabe aus einem Formelementepool auszuwählen. Auf diese Weise lassen sich auch Sonderwerkzeuge aus Standardkomponenten modular aufbauen (Beispiele aus der Praxis siehe *Modulare Zerspanungswerkzeuge in der Anwendung*, S. 55 ff.). Die Modularisierung setzt sich fort bis zur Ableitung der Konstruktionszeichnung vom 3D-Modell. Der Konstrukteur kann auf Module wie Wuchthinweise, Produktbeschriftungsvorgaben, Wärmebehandlungsvorschriften und Maßzeichnungshinweise der einzelnen Module zurückgreifen. All dies trägt zur Verkürzung der Konstruktions-, Programmier- und Fertigungsdauer bei. Insgesamt wird die Durchlaufzeit verkürzt und

Pool attributierter Formelemente

Vom 3D-Modell zur Konstruktionszeichnung

die Voraussetzung dafür geschaffen, die zu erzielende Produktvielfalt in gleicher Zeiteinheit zu erhöhen.

Baukasten für die CAM-Anbindung

Wenn die Vorgehensweise bei der 3D-Modellierung von Trägerwerkzeugen, die spanend hergestellt werden, eng verknüpft ist mit der Erstellung der NC-Programme, ist auch die prozesssichere Reproduzierbarkeit der Werkzeugkonzepte gewährleistet. Jedes Formelement trägt bereits alle fertigungsrelevanten Informationen in Form von Attributen mit sich.

CAD/CAM-Baukasten ...

Die Verknüpfung von Computer Aided Design (CAD) und Computer Aided Manufacturing (CAM) ist heute bei den meisten modernen Unternehmen unerlässlich für effiziente Prozesse. Die im vorangegangenen Unterkapitel *3D-Konstruktion* (S. 48 ff.) beschriebene Vorgehensweise bei der Konstruktion von Sonderwerkzeugen stellt zunächst einmal sicher, dass der Konstrukteur die erforderlichen Standardkomponenten ausgewählt hat. Im weiteren Produktentstehungsprozess müssen aber auch noch die NC-Programme zum Fertigen dieser Komponenten oder die geometrischen Elemente zur Befestigung der Komponenten ausgewählt werden. Dies wird über CAM-Verknüpfungen erreicht. Für jede freigegebene modulare Standardkomponente wird automatisch ein entsprechendes NC-Programm erstellt, das auf die CAD-Konstruktionsdaten aufsetzt. Es entsteht ein CAD/CAM-Baukasten (Abb. 39).

Diese Vorgehensweise stellt sicher, dass die modularen Komponenten der Sonderwerkzeuge stets unter identischen Bedingungen gefertigt werden. Wichtig ist dies vor allem

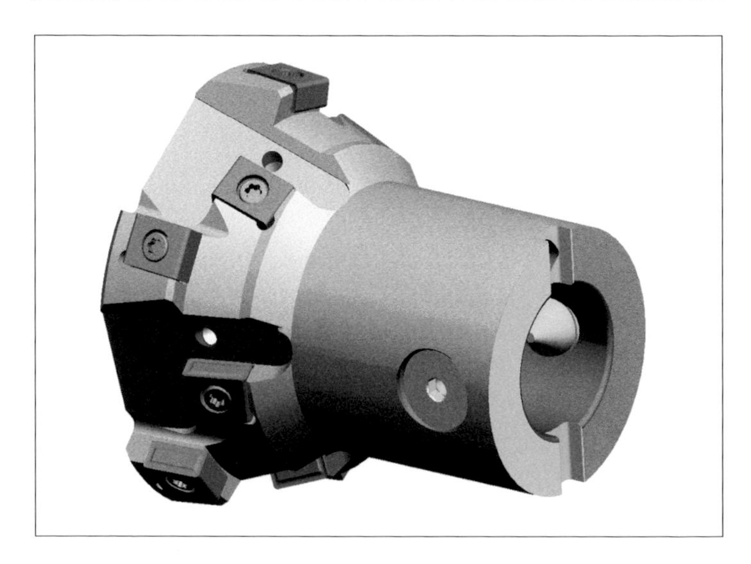

Abb. 39: Sonderwerkzeug, modular konstruiert und gefertigt

bei kritischen Formelementen wie Freistichen für Anlageflächen, Ecklöchern bei Plattensitzen, Taschen für Kurzklemmhalter und Einbaukonturen für Verstellelemente.

... mit Werkzeugverwaltung

Die im CAD/CAM-Baukasten verfügbaren Werkzeuge sind in der Werkzeugverwaltung zusammengefasst. Die Mehrzahl der Werkzeuge befindet sich bereits im Magazin der Maschine zur Komplettbearbeitung. Auf diese Weise wird die Rüstzeit auf ein Minimum reduziert.

Individuelle Sonderwerkzeuge zur Bohrungsbearbeitung

Fertigung ohne Eingreifen des Konstrukteurs

In einer weiterführenden Ausbaustufe des CAD/CAM-Baukastens kommt man bei der Fertigung von Sonderwerkzeugen komplett ohne Eingreifen des Konstrukteurs aus. Für die Konstruktion und Fertigung von Sonderwerkzeugen zur Bohrungsbearbeitung wurden Lösungen geschaffen, die z. B. unter dem Namen Easy Special™ bekannt sind. Der Anwender

Konfigurationsparameter

bestimmt über die fünf Parameter Durchmesser, Nutzlänge, Anbindung, Anzahl der Stufen und Stufenbreite – jeweils innerhalb vorgegebener Grenzen – die Konfiguration des Werkzeugs.

Diese auch als treibende Parameter bezeichneten Werte der Werkzeugkonstruktion werden an einem mit der Fertigungsmaschine, einem Dreh-Fräs-Zentrum, verbundenen Rechner eingegeben. Unmittelbar danach wird mit der Fertigung des Sonderwerkzeugs begonnen (Abb. 40). Grundlage bildet der CAD/CAM-

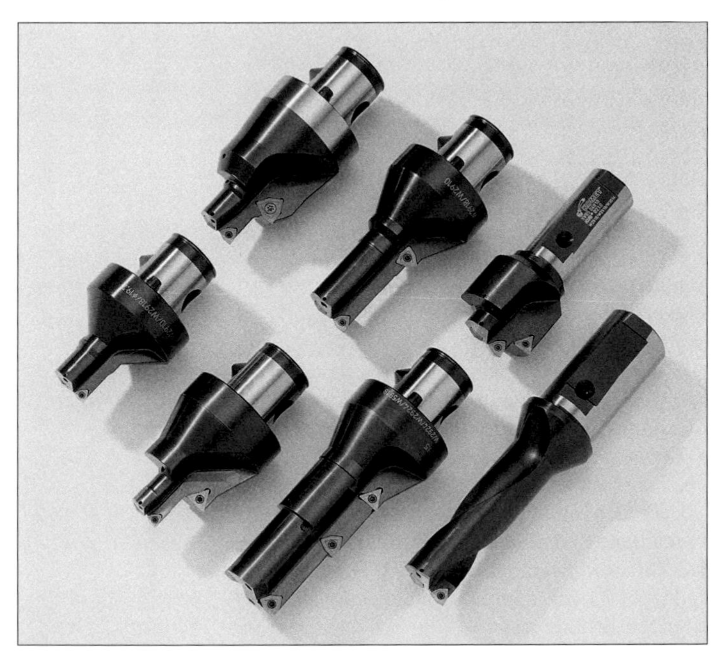

Abb. 40: Sonderwerkzeuge, CAD/CAM-konfiguriert

Baukasten, ergänzt um weitere Verknüpfungen wie einer automatischen Erzeugung des Spanraums, der Kopfform, der Kühlmittelbohrungen und der Übergänge bei Stufenwerkzeugen. Der Anwender erhält somit in kürzester Zeit sein individuelles Sonderwerkzeug. Bereits im Angebotsstadium erfolgt eine konkrete Preis- und Lieferzeitbenennung.

NC-Programmierung

In der NC-Programmierung werden die über den Konstrukteur festgelegten Bausteine des CAD/CAM-Baukastens zum kompletten NC-Programm zusammengefügt. Auch hier werden weitere Vereinfachungen verwendet, die in Form von Unterprogrammen oder NC-Programmmodulen vorliegen. Mit geeigneter Software können wiederkehrende Bearbeitungsfolgen zu einem Programmmodul zusammengefasst werden, das dann in das komplette NC-Programm integriert wird.

Zusammenfassend seien noch einmal die Facetten der Modularität in der Werkzeugkonstruktion genannt:

Facetten der modularen Werkzeugkonstruktion

- Anwendung von modularen Werkzeugkomponenten bereits im Entstehungsprozess des Werkzeugs in den Entwicklungs- und Konstruktionsabteilungen
- CAD/CAM-Baukasten für die Gewährleistung der reproduzierbaren Qualität der Produkte im Fertigungsprozess
- Komplettfertigung durch treibende Parameter in der CAD/CAM-Kopplung; es wird kein 3D-Modell und keine Konstruktionszeichnung erstellt (Easy Special™)
- NC-Unterprogrammtechnik: Programmmodule zur rationellen Erstellung von NC-Programmen und zur Verkürzung der Einfahrzeit an der Bearbeitungsmaschine.

Fertigungsprozess

Die in diesem Buch beschriebene Modularität der Werkzeugkonzepte wirkt sich unmittelbar

Modulare Fertigung ...

auch auf die Fertigung der Werkzeuge aus: Aus dem Basismodul Wendeschneidplatte leitet sich das Fertigungsmodul Plattensitz ab, aus dem Modul Kurzklemmhalter die Kurzklemmhaltertasche, aus den (herstellerspezifisch) standardisierten Verstellelementen die Einbaukontur dieser Elemente usw. Sonderwerkzeuge sind mit modularer Trennstelle ausgeführt. Die Fertigung der Trennstelle selbst bildet ein Modul in der Fertigung. Die Vorrichtungen und Prüfmittel können vereinheitlicht werden. Unterschiedliche Werkzeugtypen können zu Fertigungslosen zusammengefasst werden bis zu einem gewissen Bearbeitungsfortschritt; die Logistik der Lagerhaltung von Rohlingen und Halbfabrikaten bleibt dadurch überschaubar.

... in Fertigungslosen

Wird die beschriebene Vorgehensweise konsequent umgesetzt, lassen sich die Werkzeuge in gleichbleibender Qualität fertigen. Die Möglichkeit, CAD-Daten über CAM direkt in die Fertigung zu transferieren, führt zu immer kürzeren Markteinführungszeiten auch von neuen Werkzeugen.

Modulare Zerspanungswerkzeuge in der Anwendung

Vollbohren mit Wendeschneidplatten-Werkzeugen

Bohren von Kettenverschlussteilen aus 35MnCr5

Bei den bearbeiteten Werkstücken handelt es sich um Kettenelemente mit robuster Verzahnung, die jeweils mit einem Gegenstück zusammengefügt und über eine Durchgangsbohrung verschraubt werden. Der Werkstoff 35MnCr5 ist ein legierter Schmiedestahl mit einer Festigkeit bis zu 1400 N/mm^2. Die Fertigung erfolgt auf Standard-Bearbeitungszentren. Die Kettenverschlussteile werden in einer hydraulischen Aufspannung bearbeitet, die eine Länge des Wendeschneidplatten-Vollbohrwerkzeugs von 3×D erfordert (Abb. 41).

Fertigung auf Standard-Bearbeitungszentrum

Abb. 41: Mit Wendeschneidplatten-Vollbohrwerkzeug bearbeitetes Kettenverschlussteil

Mit folgenden Schnittwerten wird gearbeitet:

v_c 110 m/min
f_z 0,1 mm.

Bohren von Zylinderbuchsen aus C50 für Großdieselmotoren

Die zu bearbeitenden Zylinderbuchsen aus C50 sind je nach Typ bis zu 3100 mm lang mit Außendurchmessern bis 1300 mm (Abb. 42).

Abb. 42: Vollbohrwerkzeug zur Bearbeitung von Großdieselmotoren

Bearbeitung auf Bohrwerken mit Wendespannern

Ihre Bearbeitung erfolgt komplett auf speziellen Bohrwerken mit Wendespannern. Zu den letzten und zugleich zeitraubendsten Arbeitsgängen gehört das Einbringen der Spül- bzw. Einlassschlitze am Umfang. Je nach Typ sind dies 30 bis 36 Schlitze, die durch jeweils vier bis fünf nebeneinanderliegende Bohrungen mit Durchmessern von 62 bis 66 mm hergestellt werden. Die Anforderungen an das Werkzeug liegen hauptsächlich im Anbohren von außen, im unterbrochenen Schnitt der nebeneinanderliegenden Bohrungen und letztlich im inneren Austritt.

Anbohren auf schräger Fläche

Bei dieser Anwendung kommt ein wesentlicher Vorteil von Wendeschneidplattenbohrern zum Tragen, nämlich die Möglichkeit, auf schrägen Flächen anzubohren. Die Bohrungen erfolgen jeweils oberhalb der Mitte der Zylinderbuchsen in einem bestimmten Winkel von beispielsweise 16°. So erzeugt der verwendete Wendeschneidplattenbohrer beim Anbohren einen einseitigen Schnitt.
Die Schnittwerte dieser Anwendung betragen:

v_c 160 m/min
f_z 0,1 mm.

Bohren an einem Getriebegehäuse aus GG25Cr
Mit einem Stufenwerkzeug werden Bohrungen mit 23 und 28 mm Durchmesser erzeugt. Die 23-mm-Vollbohrstufe wird mit zwei Wendeschneidplatten ausgeführt, die 28-mm-Aufbohrstufe mit drei Schneiden (Abb. 43). Die Bearbeitungszeit beträgt 16,6 s, die Standzeit der Wendeschneidplatten 346 min.

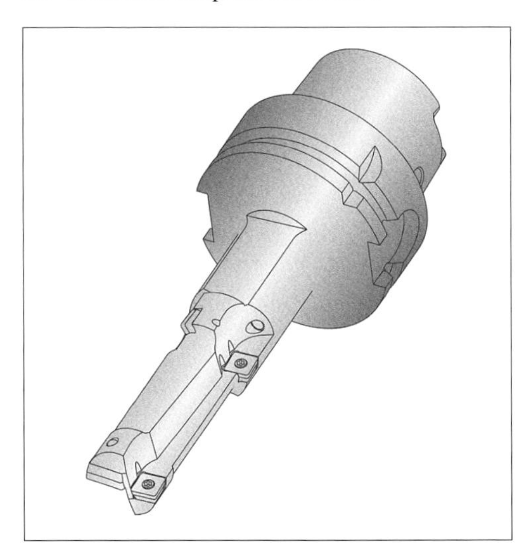

Abb. 43: Stufenbohrwerkzeug

Die Schnittwerte für die erste bzw. zweite Stufe betragen:

v_c 145 bzw. 155 m/min
f_z 0,18 bzw. 0,16 mm
n 2000 bzw. 1760 min^{-1}
v_f 360 bzw. 850 mm/min.

Gratminimierung beim Bohren eines Doppelgelenks aus C50

Beim Vollbohren mit Wendeschneidplatten wird am Bohrungsaustritt eine Bohrkappe erzeugt. Beim Abtrennen der Bohrkappe von der Bohrung entsteht ein Grat. Dieser Grat ist typisch für Kurzlochbohrer.

Gratminimierung ...

In Abbildung 44 ist ein Doppelgelenk aus dem Werkstoff C50 (R_m = 950 N/mm^2) zu sehen, bei dem sich während der Zerspanung sowohl ein Eintritts- als auch ein Austrittsgrat bildet. Bedingt durch die Krümmung des Werkstücks ist ein Fasen nicht erwünscht und anderweitige Methoden zur Gratbeseitigung kommen bei dieser Anwendung aus Kostengründen nicht in Frage.

... durch spezielle Wendeschneidplatte

Als Lösung wird für diese Bearbeitung eine speziell ausgelegte Wendeschneidplatte zur Gratminimierung eingesetzt.
Die Schnittwerte betragen:

v_c 160 m/min
f_z 0,15 mm.

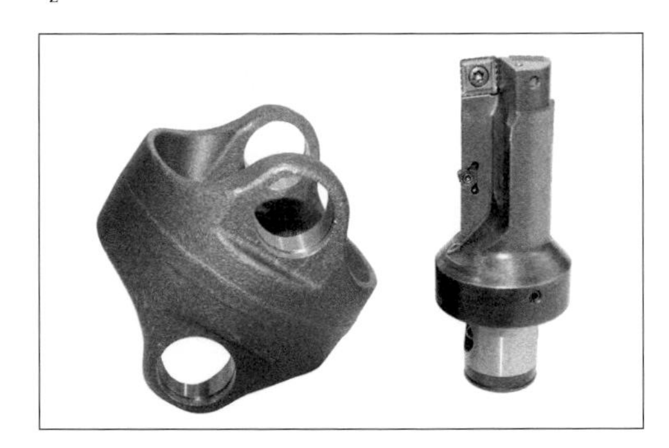

Abb. 44: Werkzeug zum Vollbohren mit Gratminimierung an einem Doppelgelenk

Aufbohren und weitere Bearbeitungen mit Kombinationswerkzeugen

Bearbeitung von Hauptbremszylindern aus Aluminiumguss

Aluminiumgussteile erfordern in der Regel den Einsatz mehrerer unterschiedlicher Werkzeuge und besondere Bearbeitungsstrategien. Entsprechend den jeweiligen Bauteilanforderungen und den individuellen maschinellen Gegebenheiten beim Anwender ermöglichen modulare Werkzeugsysteme die erforderlichen Verfahrens- und Werkzeugkombinationen.

Die kombinierte Schrupp- und Schlichtbearbeitung der komplexen Außen- und Innengeometrien am stirnseitigen Anschluss eines Hauptbremszylinders aus Aluminiumguss in einem Arbeitsgang wird durch ein glockenförmiges Überdrehwerkzeug ermöglicht (Abb. 45).

Abb. 45: Kombinationswerkzeug zum Erzeugen des Innendurchmessers und Bohrgrunds in einem Arbeitsgang

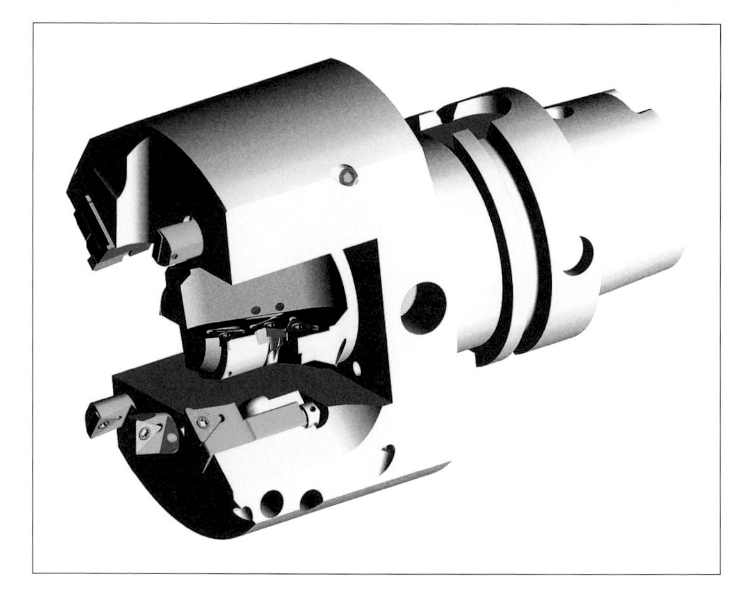

Berabeitung einer Zündkerzenbohrung in Aluminiumdruckguss

Bei der Fertigung von Zylindergehäusen stellt die Bearbeitung der Zündkerzenbohrungen auf Bearbeitungszentren eine besonders anspruchsvolle Aufgabe dar. Je nach Motortyp werden in Aluminiumdruckguss vorgegossene Bohrungen auf das Kernlochmaß aufgebohrt oder ins Volle eingebracht. Zugleich werden Gewinde, Plansenkungen und entsprechende Fasen erzeugt.

Die Bearbeitung wird mit einem Werkzeug des variablen Bohr-, Senk- und Gewindefrässystems (Abb. 46) durchgeführt. Ein austauschbarer modularer Wechselkopf trägt die Schneiden, mit denen die Planfläche erzeugt wird. Je nach Zylindergehäusewerkstoff kann der Wechselkopf ausgetauscht werden: beispielsweise von Hartmetallschneiden (HM) zu

Abb. 46: Variables Bohr-, Senk- und Gewindefrässystem mit Wechselkopf (oben rechts)

Schneiden aus polykristallinem Diamant (PKD). Für Anwendungen, bei denen aufgrund von Form und Größe oder wegen der Anforderungen an die Genauigkeit keine Wendeschneidplatten verwendet werden können, sind die Schneiden direkt in den Wechselkopf eingelötet.

In den Wechselkopf eingelötete Schneiden

Bearbeitung von Kolbenstangen aus 42CrMo4

Zweistufiges Kombinationswerkzeug

Das in Abbildung 47 dargestellte Kombinationswerkzeug verfügt über eine Vollbohrstufe mit 28 mm Durchmesser und eine Aufbohrstufe unter einem Anstellwinkel von 45°. Mit diesem Werkzeug werden pro Kolbenstange

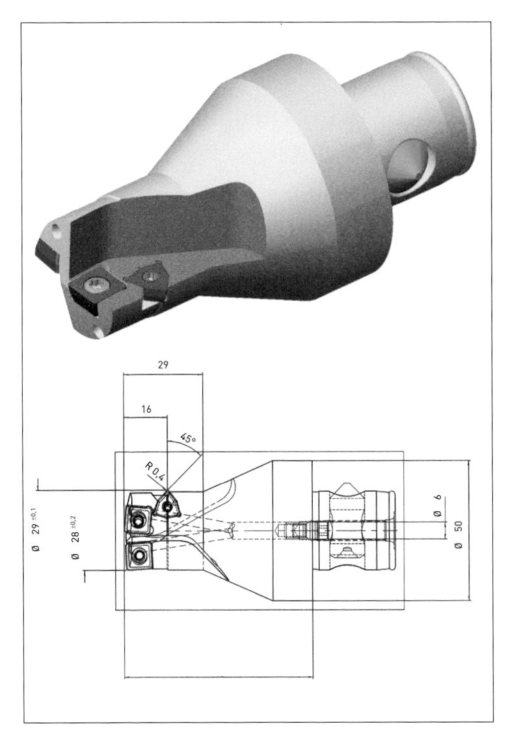

Abb. 47: Kombinationswerkzeug mit Vollbohr- und Aufbohrstufe (Easy Special™)

zwei Bohrungen gefertigt. Vor der Umstellung auf dieses Kombinationswerkzeug wurden die Bohrungen mit drei Werkzeugen eingebracht.
Im Allgemeinen rechnen sich solche Kombinationswerkzeuge erst ab bestimmten Mindestlosgrößen, da die Beschaffungszeit und -kosten der Werkzeuge meist höher sind als die für ab Lager verfügbare Standardwerkzeuge. In diesem Fall betrug die jährliche Werkstückzahl beim Anwender 15 000. Weil das Kombinationswerkzeug als Easy Special™-Konstruktion entstand, waren die Werkzeugkosten und die Lieferzeit kalkulierbar.
Die Schnittwerte betragen:

v_c 160 m/min
f_z 0,12 mm (Vollbohren) bzw. 0,13 mm (Aufbohren).

Bohrungsfeinbearbeitung mit Reibwerkzeugen

Feinbearbeitung eines Getriebegehäuses aus Aluminiumdruckguss

Eng gesteckte Toleranzen fordern Qualitäten beim Ausspindeln von H7 bis K7 bzw. J7. Bei der Bohrungsfeinbearbeitung an einem Getriebegehäuse (Abb. 48) stellen die fluchtenden Bohrungen und die erforderlichen optimalen Rundheiten hohe Ansprüche sowohl an die

Abb. 48: Feinspindelkopf und Wechselbrücke zum Feinbohren eines Getriebegehäuses

Werkzeugmaschine als auch an die Werkzeuge. Im Hinblick auf die Serienfertigung ist zusätzlich der Zeitfaktor zu beachten.
Mit herkömmlichen Werkzeugen sind besonders bei größeren Bohrungsdurchmessern die geforderten Drehzahlen wegen des hohen Werkzeuggewichts und der unvermeidlichen Unwuchten nicht realisierbar. Ein weiteres Problem stellen die hohen Siliziumanteile im Gusswerkstoff dar, die beim Einsatz von Hartmetall-Schneidstoffen einen raschen Werkzeugverschleiß zur Folge haben.

Werkzeug für hohe Drehzahl

Bei dieser Anwendung bietet sich die Umstellung auf mit polykristallinem Diamant bestückte Schneiden an. Um die Vorteile dieser Schneidkörper zu nutzen, sind hohe Drehzahlen erforderlich. Neben den entsprechenden Maschinenkapazitäten für Hochgeschwindigkeitsbearbeitungen ist ein Werkzeug notwendig, das bei hohen Drehzahlen keine dynamische Unwucht aufweist und somit eine optimale Oberflächenqualität und Rundheit gewährleistet.
Bei der Feinbearbeitung dieses Getriebegehäuses werden spezielle Feinverstellköpfe verwendet, bestückt mit einer Aluminium-Wechselbrücke mit integriertem Wuchtausgleich. Bei Schnittgeschwindigkeiten von 500 m/min und 0,1 mm Vorschub werden Rundheiten zwischen 3 und 5 µm erreicht.

Bohrungsbearbeitung an einem Motorgehäuse aus GG25

Leichtbau modular

Mit dem in Abbildung 49 gezeigten Leichtbauwerkzeug wird die Bohrung eines Großmotors vor- und fertigbearbeitet. Bei der Vorbearbeitung ist das Werkzeug mit zwei Schneidenträgern bestückt. Die Schnitttiefe beträgt 2 mm, die Bearbeitungslänge 270 mm. Aufgrund einer Querbohrung im Bauteil handelt es sich um einen unterbrochenen Schnitt. Bei der Fertigbearbeitung wird die Bohrung 710 H7

Abb. 49: Leichtbauwerkzeug zur Bearbeitung großer Durchmesser

(Durchmesser 710 mm, Toleranz H7) mit demselben Werkzeug einschneidig feingespindelt. Der Anwender kann das Komplettwerkzeug innerhalb des Verstellbereichs zur Bearbeitung weiterer Werkstückdurchmesser einsetzen. Die Module sind bei anderen Durchmesserbereichen wiederverwendbar (siehe S. 36 ff.).

Die Schnittwerte bei dieser Anwendung betragen:

v_c 178 m/min
f_z 0,15 mm
n 80 min^{-1}
v_f 27 mm/min.

Finish-Bearbeitung von Bohrungen in Maschinenbaukomponenten aus GGG50

Für die Finish-Bearbeitung der Bohrungen in Maschinenbaukomponenten aus GGG50 wurden vier Reibwerkzeuge (siehe Abb. 29, S. 39) mit folgenden Durchmessern und Toleranzen eingesetzt: 16 F7, 16 M7, 19 H7 und 20 H7. Zu den heikelsten Aufgaben gehören zwei Bohrungen mit 16 mm Durchmesser in gabelförmigen und aufgrund ihrer Wandstärke relativ unstabilen Bauteilzonen. Hier wird weder die Leistungsgrenze der Maschinenspindel noch die der Reibwerkzeuge erreicht; im Vordergrund steht vielmehr die absolute Prozesssicherheit. Die erzielten Oberflächenqualitäten liegen im Mittel um Ra 0,3 µm.

Absolute Prozesssicherheit

Die Schnittwerte für die Finish-Bearbeitung der Bohrungen betragen:

	16 mm	**19 mm**	**20 mm**
v_c	225 m/min	180 m/min	240 m/min
f_z	0,78 mm	1,2 mm	1,0 mm
n	4475 min^{-1}	3000 min^{-1}	3800 min^{-1}
v_f	3500 mm/min	3600 mm/min	3800 mm/min.

Bearbeitungen mit mechatronischen Werkzeugsystemen

Bearbeitung von Lagerhalbschalen aus GJS550 mit unterschiedlichen Mittelpunkten

Die Kugelflächen und Fasen der Lagerhalbschalen – bei den Lagerhalbschalen handelt es sich um ein Bauteil im Bereich der Achse eines Automobils – werden mit einem Werkzeugsystem bearbeitet. Eine dieser Anwendungen ist in Abbildung 50 dargestellt.

Über ein NC-Programm gesteuert erfolgt die komplette Bearbeitung ohne Werkzeugwechsel oder sonstige Unterbrechung in drei Schritten. Beginnend mit dem Vordrehen der ersten

Abb. 50: Bearbeitung von Lagerhalbschalen mit U-Achssystem

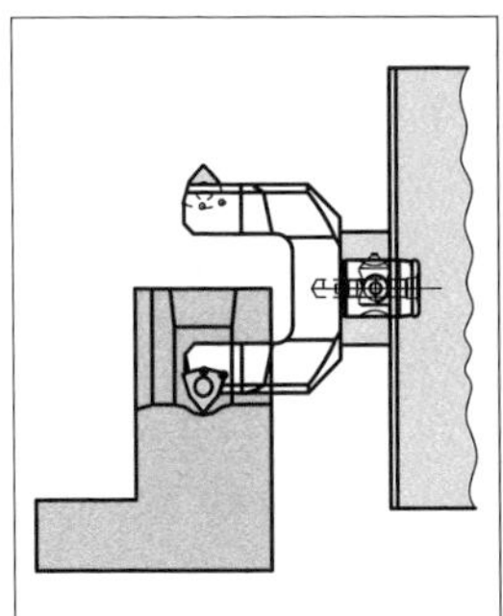

NC-gesteuerte Bearbeitung in drei Schritten

Fase wird eine aus zwei versetzten Kugelabschnitten kombinierte Geometrie herausgearbeitet. Dies erfordert ein Versetzen der Werkzeugachse. Abschließend wird die Fase am anderen Ende der Halbschale bearbeitet. Die Schruppbearbeitung erfolgt mit Keramikplatten bei einer Schnittgeschwindigkeit v_c = 700 m/min und einem Vorschub f_z = 0,16 mm bei einer Schnitttiefe a_p = 2 mm. Anschließend wird mit einer beschichteten Vollhartmetallplatte geschlichtet (v_c = 290 m/min, f_z = 0,12 mm, $a_{p,\,max}$ = 1,5 mm). Die geforderte Oberflächengüte Ra beträgt weniger als 1 µm, die Lagetoleranzen der beiden Kugelabschnitte liegen unter 0,02 mm.

Wirtschaftlich dank U-Achse

Die schnelle Einstellbarkeit des verwendeten U-Achssystems mit dem aufgesetzten Gabelwerkzeug bietet dem Anwender eine Zeit und Kosten sparende Anpassung an Änderungen der Lagerhalbschalenmaße. Außerdem können unterschiedliche Lagerhalbschalen mit einem mechatronischen Werkzeug flexibel bearbeitet werden.

Typische Anwendungen

Weitere typische Anwendungen für mechatronische Werkzeuge mit U-Achssystem sind in Abbildung 51 schematisch dargestellt:

- Außenüberdrehen eines Zapfens an einem Gehäuseteil aus Grauguss (1): Die Komplettbearbeitung auf dem Bearbeitungszentrum ist möglich. Die Bearbeitung eines Teilespektrums kann mit *einem* Werkzeug erfolgen.
- Tiefere Bohrungen mit Einstichen unterschiedlicher Tiefe und Breite an Gehäusen (2): Es können alle Einstiche mit einem Werkzeug bearbeitet werden. Gegenüber dem Alternativverfahren Zirkularfräsen ergibt sich eine beachtliche Zeiteinsparung bei besserer Oberflächenqualität.

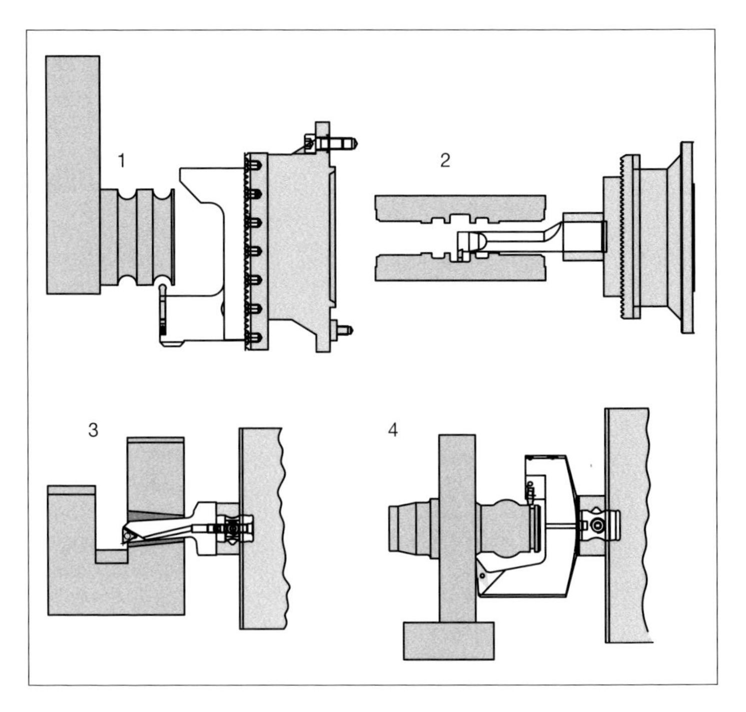

Abb. 51: Anwendungsbeispiele für mechatronische Werkzeugsysteme

- Bearbeitung eines Rückwärtskegels an einem Aluminiumgehäuse mit einer Fase am Austritt (3): Werkstückbedingt ist die Kegelöffnung nur von der Seite mit dem kleineren Durchmesser aus bearbeitbar. Der Kegel wird in mehreren Schritten aus einer zylindrischen Bohrung erzeugt. Die Oberflächengüte beträgt R_z = 2,6 µm, die Winkelstreuung 32 Winkelsekunden.
- Außenüberdrehen auf einem Vertikal-Bearbeitungszentrum (4): Im Kombinationswerkzeug sind die Kopierfunktion und das Einstechen vereinigt.

Zusammenfassung und Ausblick

Konzept der Modularität

Schnittstellen und Trennstellen sind das Kernstück des Konzepts der Modularität. Bei Zerspanungswerkzeugen beginnt die Modularität an der Maschinenanbindung und reicht bis zur Schneidkante. Über mechanische Adapter werden die Werkzeuge mit der Maschinenspindel verbunden. Die Wendeschneidplatte kann als Basismodul bezeichnet werden. Weitere modulare Werkzeugkomponenten wie Verlängerungen, Schneidenträger, Kurzklemmhalter, Bohrkronen, Wechselschneiden und Wechselbrücken lassen sich innerhalb des jeweiligen modularen Werkzeugsystems zu einer Vielzahl von Varianten kombinieren. Meist lassen die Werkzeugsysteme auch eine schrittweise Erweiterung zu. Der Anwender erwirbt mit einem Werkzeug die Option auf weitere Lösungen. Die erforderlichen Investitionen können somit reduziert oder zeitlich verteilt werden.

Weitergehende Modularisierung durch Standardisierung

Die Individualisierung von Produkten wird weiter voranschreiten. Parallel dazu werden sich die Lebenszyklen verkürzen. Dies zieht auch eine weitergehende Modularisierung nach sich. Die auch als Module bezeichneten Komponenten oder Baugruppen werden für ein Werkzeug oder eine ganze Produktgruppe so gestaltet, dass durch ihre Kombination eine flexible Verwendung und Wiederverwendung erreicht wird. Ziel der Modularisierung ist es letztlich, die Möglichkeit zu schaffen, bestimmte Werkzeugmodule systemübergreifend zu verwenden. Basis dafür ist die Standardisierung der Werkzeugkomponenten oder -module.

Mechatronik mit Zukunft

In der Übertragung des Konzepts der Modularität auf alle Arten von Zerspanungswerkzeugen steckt noch Potenzial für weitere Entwicklungen. Insbesondere in der Mechatronik ist die Untergliederung in Funktionseinheiten nützlich. Sie erlaubt es, schnell auf die ständigen Veränderungen und Neuentwicklungen vor allem der Elektronikmodule zu reagieren. Bestehende mechatronische Systeme können stets auf den neuesten Entwicklungsstand gebracht werden.

Modularisierung auf allen Ebenen

Das Konzept der Modularisierung kann auf verschiedenen Ebenen angewendet werden, so auch auf die Entwicklung von neuen Werkzeugen. Einzelne Komponenten, getrennt nach Funktionalitäten, können komplett als Modul entwickelt und freigegeben werden. In der Folge sinkt die Zeitspanne bis zur Markteinführung. Die Modularisierungsansätze sind jedoch vor Entwicklungsbeginn ebenso festzulegen wie der Grad der Wiederverwendbarkeit.

Rekonfigurierbare Werkzeuge für flexible Fertigung

Im Ergebnis entstehen Zerspanungswerkzeuge hoher Qualität und Prozesssicherheit. Der Anwender kann auf rekonfigurierbare Werkzeuge zurückgreifen, die eine Anpassung an sein ebenfalls variables Produktspektrum ermöglichen. Die Flexibilität für den Lohnfertiger ist gegeben, der sich aus Standardelementen seine spezifischen Werkzeuge zusammenstellen kann. So fügt sich die Modularisierung in der Präzisionswerkzeugindustrie in die Trends der Plattformstruktur des Automobilbaus und des Maschinenbaus ein und geht nahtlos in die Modularisierung der Fertigung beim Anwender über.

Fachbegriffe und Abkürzungen

Anzug Versatz der Mitte der Gewindebohrung im Trägerwerkzeug zur Mitte der Bohrung der Wendeschneidplatte

a_p Schnitttiefe

Auskragungslänge Abstand von der Oberfläche der Maschinenspindel bis zur Schneidkante

CAD Computer Aided Design

CAM Computer Aided Manufacturing

D Durchmesser der Maschinenspindel

DIN Deutsche Industrie Norm(en): in Deutschland erarbeitete und gültige Norm(en); Verbandszeichen des Deutschen Instituts für Normung e.V.

f_z Vorschub pro Zahn und Umdrehung

f-Maß Abstand der Schneidecke von der Mittelachse des Werkzeugs

HSC High Speed Cutting: Hochgeschwindigkeitsbearbeitung

HSS High Speed Steel

HPC High Performance Cutting: Im Zerspanungsprozess wird durch Steigerung des Zerspanvolumens pro Zeiteinheit die Produktivität gesteigert.

IT Internationale Toleranzklasse

ISO International Organization for Standardization: internationale Organisation zur Normung

KKH Kurzklemmhalter

Mechatronik Kunstwort, abstammend vom englischen Begriff Mechanical-Engineering-Electronic-Engineering

n Drehzahl

NC Numerical Control: numerische Steuerung

v_c Schnittgeschwindigkeit

VDI Verein Deutscher Ingenieure

v_f Vorschubgeschwindigkeit

WSP Wendeschneidplatte

Der Partner dieses Buches

KOMET GROUP GmbH
Zeppelinstraße 3
74354 Besigheim
Telefon: +49 7143 373-0
Fax: +49 7143 373-233
E-Mail: info@kometgroup.com
Internet: www.kometgroup.com

1918 gegründet, hat sich die KOMET GROUP durch kontinuierliche Innovationsbereitschaft, Struktur- und Strategieoptimierung zum weltweiten Technologiepartner und Komplettanbieter von Werkzeugkonzepten zum Bohren, Reiben und zur Gewindeherstellung entwickelt. Mit den Marken KOMET, JEL, Dihart und dem eigenständigen Projektmanagement X3-Solutions ist die KOMET GROUP auf die anspruchsvolle Bohrungsbearbeitung fokussiert und nimmt darin international eine führende Marktposition ein.

Tochterunternehmen in 15 Ländern sowie Niederlassungen und Vertretungen in über 50 Ländern auf allen Kontinenten garantieren jederzeit weltweit technische Unterstützung und ein hohes Maß an Service.

In enger Zusammenarbeit mit den Kunden werden unter ganzheitlicher, d. h. technischer und wirtschaftlicher Zielsetzung individuelle Werkzeuglösungen entwickelt. Der Technologievorsprung basiert auf umfassendem Know-how sowohl in der Hochleistungs- als auch in der Präzisionszerspanung, in der Entwicklung von Sonderlösungen und im Einsatz modernster Schneidstoffe und Beschichtungen bei der Bearbeitung metallischer Werkstoffe.

Die Internationalität der Unternehmensgruppe und ihr Technologievorsprung fördern und sichern die Produktionsstrategien und damit die langfristige und dauerhafte Wettbewerbsfähigkeit ihrer Kunden.